世界上有著能夠製作美味佳餚的食譜，那麼也有能製造歡笑、療癒和成長的食譜嗎？
在這充滿不確定性的世界裡，本書的飲品食譜簡潔扼要，期盼能為您的小小幸福助力加持。

카페보다 더 맛있는 카페 음료

職人級 飲品設計入門

A Beginner's Guide
to Crafting Delicious Drinks

「比飲料店更好喝的獨門配方，任何人都可以製作！」

做出記憶深處的飲料

我以前唸的是經營學，在金融機關任職八年，一直做著跟飲食毫不相干的工作。現在回頭想想，我能改行從事飲食相關工作真是命運使然。

我的母親身為家族長媳，沒有什麼料理是不會做的。她不僅會在不同季節使用當季的蔬果製作醬菜，甚至連果露、果醬、水果酒也都會製作。還有從小每到我的生日時，她都會親手為我製作青葡萄蛋糕，至今仍是我一生中的珍貴回憶。我想，很多人都至少有一道料理會留存在記憶裡吧！從計畫做這道料理開始，再到製作過程、身邊珍貴的人……這一切合起來便成為了「回憶」。

對我而言，小時候的生日蛋糕就是我的重要回憶，所以也想為我的女兒精心製作健康又美味的食物，好讓她日後可以回憶。就這樣，我從十五年前開始正式學習料理，如今也已成為專家，不僅在料理領域，也拓展到咖啡茶飲，甚至開發出多元化的課程與菜單、提供諮詢等等，如此與各界人士交流。

飲料開發的起點是自製基底

在上課或諮詢時，我最常聽到的問題就是「如何開發出代表性的飲料？」大家應該都想做出自家獨有的特別飲品，與市面上大眾熟悉的既定產品做出區隔。面對這樣的提問，我總是回答：「請你親手試著做出能取代既定產品的『基底』吧！」無論是果露、食醋、糖漿、果醬，只要你親自從頭開始嘗試製作，就能逐漸體會如何拿來活用。例如，當你做出草莓基底後，就能利用它輕鬆做出草莓氣泡飲、草莓拿

鐵、草莓優格飲、草莓茶飲等飲品。經過這樣的反覆練習，就可以在腦中想像出具備豐富味道和質感的飲料，進而開發特有食譜。我認為在這些實作過程中，飲品會產生出與眾不同的特性。

獨家食譜、獨家菜單能帶來強大的力量，而我也相信著這股力量，因此想藉由這本書幫助讀者做出獨創的飲料。

從家庭到飲料店都能運用的飲品製作 know-how

本書共分為七大類，包括「咖啡」、「拿鐵・鮮奶茶・優格飲」、「氣泡飲・混合茶」、「冰沙・果汁」、「酒精飲料」、「巧克力・兒童飲品」與「韓式飲品」。為了能保留材料的原始風味，食譜中大部分飲料皆不使用市售的糖漿或風味粉，而是採用能代替市售產品的水果基底和自製糖漿，同時也介紹了製作方法，因此讀者可以親手製作出既健康又美味的飲品，甚至還能挑戰菜單的開發！

本書包含我到目前為止所開發製作的飲品know-how，因此我相信不僅是想在家裡享用美味飲料的讀者，或是準備創業、正在經營飲料店的同好們都能做出獨特的各式飲品，希望這本書能成為各位的可靠指南。在本書即將完成之際，又再次感受到許多人給予的幫助，感謝讓我對料理有滿滿回憶的母親，以及欣然為我試飲超過數百杯飲料的家人，也由衷感激與我一起完成這本書的「레시피팩토리」出版社團隊。

金珉廷

本書食譜的注意事項

☑ **皆使用標準化的計量工具。**

- 為準確調配飲料味道，皆有記錄重量（g）與容量（mℓ）。建議盡量使用磅秤與量杯進行計量。
- 1杯為200mℓ，1大匙為15mℓ，1小匙為5mℓ。
- 使用計量工具時，食材上方需刮平後測量才會準確。
- 吃飯用的湯匙一般是12～13mℓ，比量匙（大匙）小，所以要斟酌多放一點。

☑ **Espresso、冰塊和裝飾材料，請配合情況適量使用。**

- 食譜中標示的1杯容量是以杯子尺寸為基準，而非飲料的總量。
- 1份Espresso沒有定量，本書是以20mℓ為基準，也可依照個人喜好增減。
- 冰塊的量依據杯子的大小與形狀而有所不同，故標示為「適量」。裝飾材料只是美化作用，若省略也可以。

☑ **本書中推薦的材料品牌，以韓國當地常見為主，若海外不容易購買，請自行以其他品牌代替即可。**

Chapter 1

咖啡

Chapter 2

拿鐵・鮮奶茶・優格飲

Chapter 3

氣泖飲・混合茶

Chapter 4

冰沙・果汁

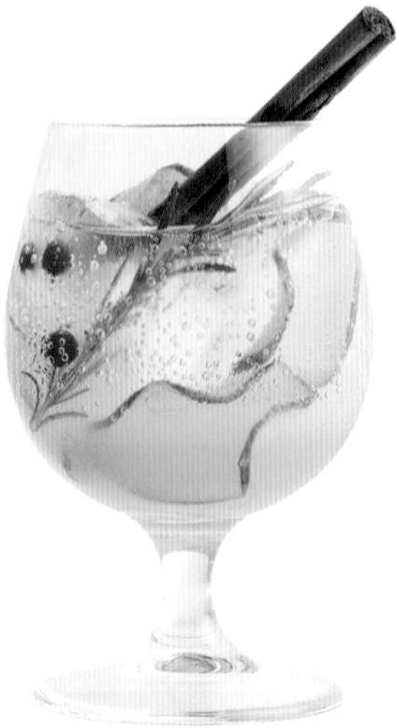

Chapter 5

酒精飲料

Chapter 6

巧克力・兒童飲品

Chapter 7

韓式飲品

BASIC GUIDE

基礎概念

製作飲料所需要的基本工具和材料

為了在家中自製專屬飲料，為了設計出獨家的飲料菜單，本章節將介紹基本的工具與材料，並解説具有共通性的飲品知識。七大類飲料的基本資訊會記載在各章節的開頭處，請仔細閱讀並跟著操作。

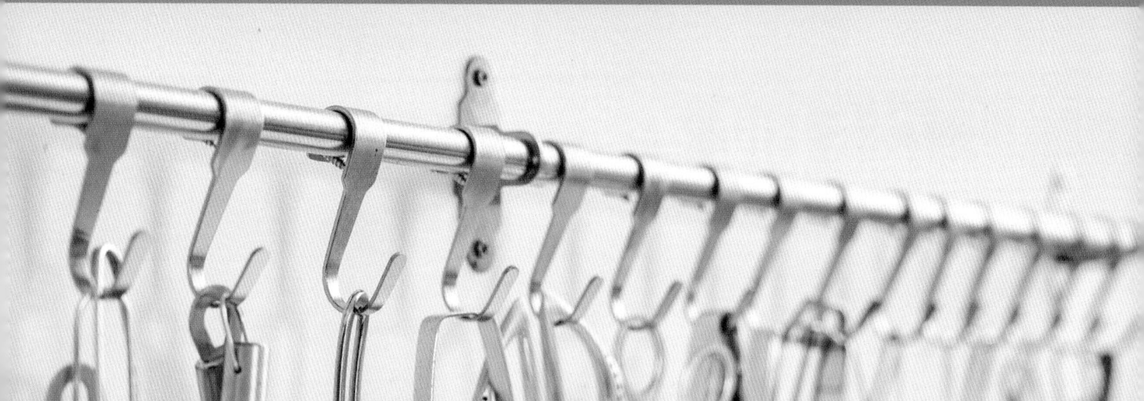

Basic Guide

〈工具篇〉

需要的設備、工具、杯具

基本設備

1 手持式攪拌棒
又名「多功能料理棒」，能將牛奶與巧克力粉這類不易混合的材料攪拌均勻，也可以把水果等食材簡單攪碎。

2 榨汁機
能榨出蔬菜或水果等汁液的工具。在製作蘋果或柳橙等堅硬水果的果汁時可以使用。

3 奶泡機
只要倒入鮮奶並按下按鍵，就能做出綿密泡泡，而且溫熱或冰涼的奶泡都可以輕鬆做出。基本款的奶泡機大約台幣1000～2000元，手持型的電動奶泡器則200～300元即可購入，但其性能稍弱。

4 果汁機
用於製作冰沙、奶昔、星冰樂等飲料。在製作這類需打碎冰塊的飲料時，需要使用高馬力的設備均勻攪碎才會好喝。

5 手持式攪拌機
可以打發鮮奶油，主要會在鮮奶油咖啡食譜中使用。雖然也可以使用奶泡機，但手持式攪拌機會更加便利。

基本工具

磅秤

本書食譜皆會精準標示重量（g），也以容器大約測量。為了計量的準確性，建議準備磅秤。

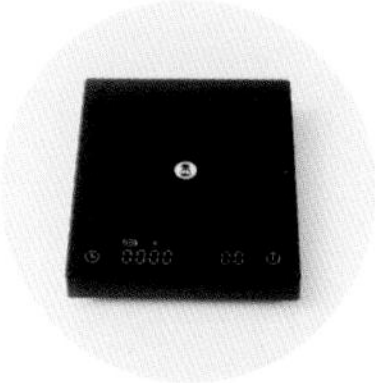

量杯／量匙

液體材料會標示容量（mℓ）。製作飲料經常會混合兩種以上的液體，建議備有500mℓ的量杯較為方便。

shot杯

在萃取濃縮咖啡時，使用shot杯可以依照杯子大小盛裝1份或2份濃縮咖啡，使用起來更為方便。

冰塊夾／鑷子

以花草或水果裝飾飲料時會使用，另在製作冰飲時使用冰塊夾也較不易滑落。

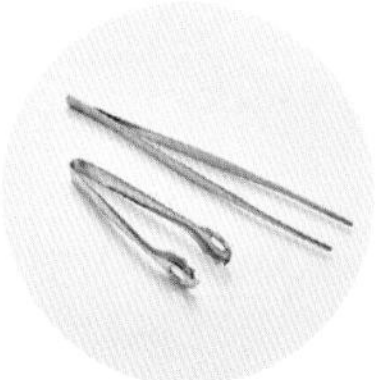

奶泡勺

形狀大而扁平的湯匙，會用來攪拌和舀奶泡。

榨汁器

用於榨取柳橙或檸檬等柑橘類的果汁。多為不鏽鋼材質，也有玻璃或陶瓷材質。

冰淇淋挖勺

可以將冰淇淋挖取成圓形。本書使用飲料店最常用的10號（每勺約100公克）。

篩子

撒上粉末裝飾時、過濾茶葉時可以使用。建議使用尺寸小且網扎密集的篩子。

攪拌棒

用於攪拌飲料，也可以當成裝飾直接插入飲料中。

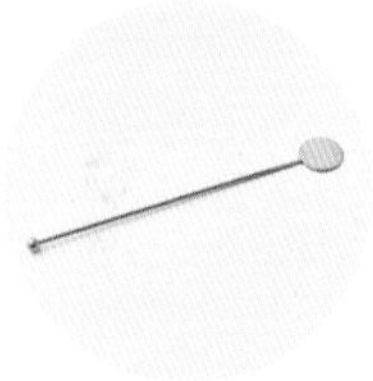

茶筅

以竹子製成的刷子，用於攪拌茶湯，使茶粉與水混合均勻。雖然也可以使用攪拌器，但使用茶筅會更容易拌勻。

茶袋

可以將茶葉裝入其中沖泡，也可以使用煮湯用的湯料袋。

常用的杯具

Espresso杯（60～80mℓ）
通常用來裝義式濃縮咖啡，有時也以法語稱為「Demitasse」。由於分量少，為了防止太快冷卻，大多採用保溫能力較好的陶瓷材質，杯子也較厚。

卡布奇諾杯（150～220mℓ）
容量比咖啡拿鐵杯更少，因此能感受到更濃厚的咖啡味道。除了卡布奇諾，也可以盛裝熱巧克力和紅茶等飲品。

咖啡拿鐵杯（240～300mℓ）
杯子形狀類似卡布奇諾杯，但尺寸更大，適合盛裝加奶的拿鐵，或加水的美式咖啡。其口徑較寬，適合做「咖啡拉花」。

茶杯（250mℓ）
茶杯邊緣形似花朵綻開的模樣，因此可以更充分感受茶葉的香味。

馬克杯（300mℓ）
最廣泛使用的杯子，其杯子較厚，具有良好保溫功能，就口飲用時唇部觸感舒適，因此受到許多人喜愛。形狀多元，直線、曲線、橢圓等設計都有。

冰飲杯
為了呈現冰涼感，通常會使用玻璃杯盛裝冰飲。將紅酒杯去掉腳的無梗杯（Stemless）適合盛裝果汁和冰沙；上下寬度相等的杯子則適合盛裝碳酸飲料，氣泡才不易流失。

Q&A 杯具該如何保存收納呢？

陶瓷杯：使用後應盡快擦乾，以防止變色。如果汙漬難以去除，可以在溫水中加入少許小蘇打粉，並將杯子浸泡約10分鐘，再用軟布或海綿輕輕擦拭，即可清除汙漬。若杯上有茶垢，則可以把牛奶和杯子一起放入鍋中煮5分鐘，便可去除茶垢。

玻璃杯：可以將切碎的馬鈴薯皮和溫水倒入杯中後，把杯口封緊，接著上下搖晃，玻璃杯便會恢復原本的光澤。如果覺得麻煩，也可以在水中加入小蘇打粉，短暫浸泡。如果髒汙較輕微，也可以用牙膏擦拭。

〈材料篇〉

常用的市售材料與推薦品牌

牛奶與乳製品

* 素食作法參閱p.21

牛奶
決定拿鐵味道的重要材料，建議使用品質好、味道香醇的牛奶。本書使用的是「Seoul Milk首爾牛乳」的鮮奶。

鮮奶油
主要用於製作鮮奶油咖啡。本書使用的是「Seoul Milk首爾牛乳」的鮮奶油，挑選味道香醇、容易打發的品牌即可。

打發鮮奶油（whipping cream）
打發鮮奶油的乳脂肪含量低，比鮮奶油更易打發。若只用鮮奶油打發，味道雖然好，但很快就會塌陷，所以通常會跟打發鮮奶油混合使用。本書使用的是乳脂肪38％的「Maeil Dairy whipping cream」。

奶油乳酪（cream cheese）
在製作鮮奶油咖啡的鮮奶油時，加入少量奶油乳酪，可以增添濃郁口感。建議挑選酸味較淡的奶油乳酪。

香草冰淇淋
通常用於製作奶昔或其他飲料的配料。建議可以選擇口味香濃的產品，若要CP值高的產品，推薦好市多販售的「Mackie's」冰淇淋。

粉末類

抹茶粉
抹茶粉是將茶葉嫩芽經過蒸氣蒸煮及乾燥後研磨而成的粉末，是製作各種綠茶飲品的材料，稍有不注意就容易發出一種特有的腥味，需要品質好的產品。

巧克力粉
經常與牛奶混合製成巧克力飲品，或是用於飲品裝飾上。使用不同的巧克力粉，飲品味道也會有很大的差異。推薦使用滋味濃郁的「Ghirardelli 鷹牌」黑巧克力與可可產品。

糖類

有機蔗糖

具有獨特香味，適合添加在飲料中。但要注意在有機蔗糖中，muscorado黑糖的口味與口感並不適合做飲料。推薦選擇普遍適用的「Native」的產品。

* 如果製作飲料時要用一般砂糖取代有機蔗糖，需再自行調整甜度。

楓糖漿

從楓樹汁液中提取的楓糖漿具有獨特香味，可添加在果汁或冰沙中取代砂糖，賦予健康自然的甜味。

榛果糖漿

製作榛果風味飲品時，使用榛果糖漿是最簡便的方法，尤其推薦使用具有豐富香味的「Marie Brizard」榛果糖漿，加入美式咖啡或拿鐵中都相當適合。

煉乳

製作拿鐵或優格飲等乳製飲品時，相當適合使用煉乳取代砂糖，例如咖啡飲品系列中的煉乳拿鐵（Dolce Latte）就是使用煉乳。

Q&A 請注意！這些粉末不一樣喔！

抹茶粉與抹茶牛奶粉

抹茶粉是將綠茶茶葉經過蒸氣蒸煮及乾燥後研磨而成的100%純綠茶粉，具有濃厚的味道與香氣。抹茶牛奶粉則是使用約30%的抹茶粉，再加入糖類與牛奶等材料混合而成，又稱為「抹茶拿鐵粉」。因此，在牛奶中加入抹茶粉只會感受到抹茶的微苦滋味，但加入抹茶牛奶粉，就會完成一杯香甜的抹茶拿鐵。

可可粉與巧克力粉

本書將苦味比甜味強、沒有加糖的100%可可果粉末稱為「可可粉」，而可可粉混合砂糖、牛奶等巧克力飲料用的粉末，則稱為「巧克力粉」。市面上這兩類產品的名稱可能混用，購買時須多加留意。

製作萬用糖漿與堅果醬

（完成的糖漿與堅果醬皆可冷藏保存1個月）

香草糖漿

香草豆莢2個，有機蔗糖250g（約1又2/3杯），水150mℓ（3/4杯）

1. 將香草豆莢剖半，刮出裡面的香草籽。

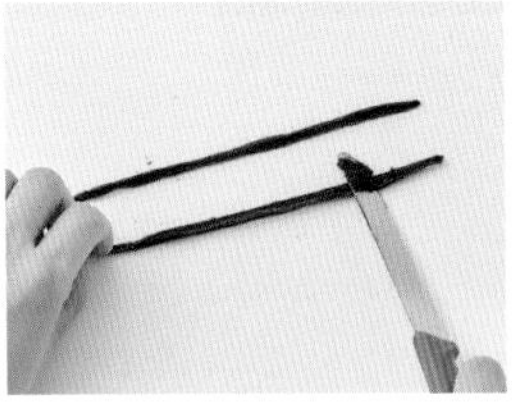

2. 在鍋中加入水、香草籽和豆莢，用中火加熱煮沸後加入有機蔗糖，不斷攪拌約2分鐘，直至完全融化。
3. 冷卻後，連同豆莢倒入容器，放冰箱冷藏60天，讓香氣釋放即可使用。

摩卡糖漿

* 加在咖啡裡的巧克力糖漿。

黑巧克力75g（可可含量72%），有機蔗糖190g（約1又1/5杯），牛奶145mℓ（約3/4杯）

1. 在鍋中加入黑巧克力、有機蔗糖和牛奶，用小火慢慢攪拌煮至融化。

2. 待黑巧克力和有機蔗糖完全融化後，立即關火。
3. 待冷卻後倒入容器即可使用。

焦糖糖漿

鮮奶油200mℓ（1杯），有機蔗糖 180g（約1又1/5杯），鹽少許，水50mℓ（1/4杯）

1. 在鍋中加入水、有機蔗糖和鹽，用中火加熱煮成焦糖色，切記請勿攪拌。
   * 攪拌會使已經融化的糖反砂又變成固體。
2. 轉成小火，並將鮮奶油用微波爐加熱約20秒，再分2～3次在鍋子中央倒入，同時不斷攪拌煮3～5分鐘。
   * 如果不把鮮奶油加熱再倒入，可能會因為溫差大造成噴濺溢出。

3. 完全冷卻後倒入容器即可使用。

Tip　保存用的瓶子如何消毒？

將瓶子放入滾水中煮1分鐘左右，取出後完全晾乾，或是放入100～150℃的烤箱中烘烤10分鐘再使用，如此便能有效消毒、延長保存期限。

巧克力糖漿

* 加在巧克力飲品裡的糖漿。

黑巧克力100g（可可含量72%），砂糖180g（約1又1/5杯），可可粉80g（約1杯），牛奶300mℓ（1又1/2杯）

1. 在鍋中倒入牛奶，用小火加熱至快要沸騰後，加入黑巧克力融化。
2. 加入可可粉和糖，攪拌至溶解。

3. 糖溶解後立即熄火，放至完全冷卻。
4. 使用手持式攪拌棒，將結塊的可可粉攪散。倒入容器保存，即可使用。

伯爵茶糖漿

伯爵茶包7個（14g），砂糖180g（約1又1/5杯，想要深色則使用黃砂糖），水600mℓ（3杯）

1. 在滾水中放入4個伯爵茶包（8g），用中火煮5分鐘。

2. 撈起茶包後，加入糖，用中火攪拌至融化。
3. 糖溶解後立即熄火，放入3個伯爵茶包（6g），蓋上蓋子浸泡2小時。
4. 撈起茶包後倒入容器，放入冰箱冷藏1天後即可使用。

肉桂糖漿

肉桂棒50g（約1杯），肉桂粉5g（1/2大匙），砂糖360g（2又1/4杯），水600mℓ（3杯）

1. 在鍋中加入水和肉桂棒，用中火煮沸後，再續煮10分鐘。
2. 加入肉桂粉和糖加以攪拌，用中火繼續加熱使其融化。

3. 熄火並蓋上鍋蓋，放至冷卻後，再連同肉桂棒一起倒入容器。
4. 在冰箱中冷藏3天後，過濾掉肉桂棒和沉澱物，再倒回容器中儲存使用。

榛果醬・花生醬

榛果或花生100g（約1杯）

1. 在未加油的平底鍋中加入榛果或花生，用小火翻炒2～3分鐘。
   * 也可以用預熱至150℃的烤箱烘烤7～8分鐘。

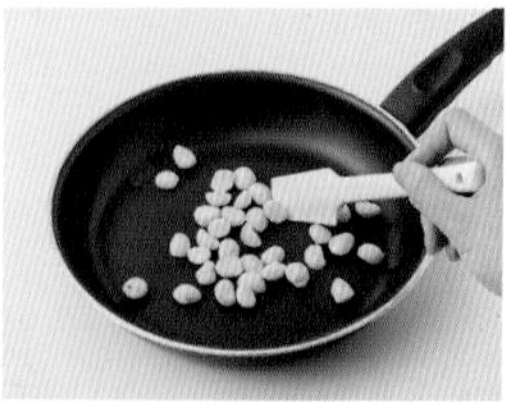

2. 使用手持式攪拌棒，將榛果或花生攪拌至乳狀後，倒入容器中儲存使用。

裝飾飲料的方法

用香草裝飾

選擇跟飲料味道契合的香草是非常重要的，百里香、迷迭香和蘋果薄荷是最廣泛使用的種類。在本書食譜中，若有某種特定的香草最為合適，就會標註名稱；如果普遍都適合，則會用「香草」來標註，這時可依情況在這三種植物中擇一使用。

百里香
柳橙、檸檬等柑橘類，以及加了番茄的飲料都很適合。

蘋果薄荷
具有清新香氣，香味不濃烈，適合搭配所有飲料。

迷迭香
桑格利亞酒（Sangria）、熱葡萄酒（Vin Chaud）等葡萄類飲品，或是加了蘋果的飲料都特別適合。由於香氣強烈，有可能影響飲料的味道，所以使用上要多加注意。

棗花的製作方法

棗花是韓式飲品常用的裝飾。製作重點是要捲緊再放入飲料中，以免鬆開。

1. 將大紅棗對切，剝開後把籽去除。
2. 用力捲緊，以免鬆開。
3. 用保鮮膜包好後，再用刀子切片。

請務必詳閱！

職人級飲品設計 Q & A

材料

Q 使用果皮的水果該如何洗淨？

A 像是柳橙或檸檬等柑橘類水果，由於表皮凹凸不平，所以更要仔細清洗。雖然會有些麻煩，但建議採取以下三個步驟進行清洗。

第一步：在2公升（10杯）的50～60℃水中，放入1/3杯小蘇打粉和水果，浸泡5分鐘以上，以去除表面的蠟質成分。

第二步：使用菜瓜布搓洗水果。建議使用有壓紋的菜瓜布，才能把表皮上凹凸不平的部分洗乾淨。

第三步：在2公升（10杯）的冷水中，加入1/3杯醋和水果，浸泡1～2分鐘，再用流動的水沖洗。

Q 沒有事先做好水果基底就無法製作飲料嗎？

A 水果基底是決定飲料味道的重要因素，建議盡量自己製作。如果在沒有做好基底的情況下，柳橙、檸檬等柑橘類水果可以分離出果肉，草莓、奇異果等較軟的水果可以剁成泥，蘋果、生薑等較硬的材料則可以用榨汁機或磨泥器榨取汁液，再與等量的糖混合，不需熟成可以立即使用。

Q 鮮奶油和打發鮮奶油有什麼不一樣？

A 普遍認為鮮奶油是動物性，而打發鮮奶油是植物性，但只有對一半。鮮奶油是從牛奶中分離出脂肪的動物性奶油，雖然有美味的優點，但是難以打發且容易塌陷。打發鮮奶油有以大豆油或棕櫚油製成的植物性鮮奶油，但也有包含乳脂肪的。打發鮮奶油在製作時加入了穩定劑和乳化劑，所以容易打發、形狀持久，但若只使用打發鮮奶油，美味程度會下降。本書為了兼顧容易打發與美味兩者優點，便將鮮奶油和打發鮮奶油混合使用。只選擇其一也是可以，但請斟酌上面所提及的不同特性。

Q 含有牛奶或鮮奶油的飲料能改成素食版本嗎？

A 含有牛奶的飲料可以用等量的豆漿、杏仁奶或燕麥奶替代。一般使用無糖產品，若使用含糖產品，需根據甜度調整飲料的糖漿量。優格飲可以使用「純素優格」，雖然與一般優格相似，但由於是以大豆製成，會有稍許豆腥味，因此風味仍有些不同。鮮奶油則以等量的植物性打發鮮奶油替代，但在打發鮮奶油中也有一些產品含有乳脂肪，所以購買時請確認成分，或搜尋「素食用打發鮮奶油」再進行購買，由於不含乳脂肪，味道可能略差一點。

工具

Q 使用哪種工具才能攪拌均勻？

A 在混合液體和糖漿時，使用攪拌棒便能很好地拌勻，也可以在長杯中使用，十分方便。在混合牛奶和粉末類時，則建議使用手持式電動攪拌棒或打蛋器會較容易拌勻。混合抹茶時，使用竹製的茶筅可以使茶粉溶解，也能產生適度的泡沫，享受到抹茶的柔順口感，若是使用打蛋器也可以。

Q 手持式攪拌機是必要的工具嗎？

A 如果沒有手持式攪拌機，可以改用打蛋器。一般在較冷的溫度下更容易成功打發，但使用打蛋器打發時，需要時間和勞力，時間久了，鮮奶油的溫度會上升，導致不容易打發，這時可以在底下疊一個放了冰塊的碗，就能以低溫狀態持續打發。另外，在混合飲料時，使用小型的打蛋器較為方便。

Q 沒有奶泡機怎麼辦？

A 在網路上搜尋這個問題，會出現各種製作方法，但考慮到努力與成果不成正比，所以我並不建議。如果沒有奶泡機，就請果斷放棄製作奶泡吧！除了卡布奇諾和馥列白這類很需要奶泡的飲品外，沒有奶泡機還是可以製作出其他的美味飲料。

Q 沒有榨汁機怎麼辦？

A 沒有榨汁機還是可以榨汁！柳橙、檸檬等柑橘類水果，可以使用榨汁器榨出汁液。如果沒有榨汁器，可以將柳橙、檸檬對切，再用叉子戳入轉動，便能產生類似榨汁的效果。堅硬水果或蔬菜則可以使用磨泥器或食物料理機研磨，再放入細篩或棉布中擠出汁液即可。

美味的祕訣

Q 水果基底要如何使用？

A 為了提高飲料的完成度，可能需要添加額外材料，但基本上只利用水果基底就可以做出多樣化的飲品。例如，草莓基底混合不同食材，就可以做出草莓氣泡飲、草莓茶、草莓拿鐵、草莓優格飲等多種飲料。

水果基底
＋
氣泡水
＝
氣泡飲

水果基底
＋
熱水＋（茶）
＝
風味茶

水果基底
＋
牛奶
＝
拿鐵

水果基底
＋
優酪乳
＝
優格飲品

Q 水果基底可以混合使用嗎？

A 每個人的喜好不太一樣，但我並不建議將不同的基底混合使用。根據各種測試結果，多數情況下混合使用基底並不會使味道變得更好，反而會模糊各自的味道。唯一例外的是百香果基底，它可以與芒果、柳橙和奇異果等基底做混合，味道相當契合。

Q 摩卡糖漿和巧克力糖漿都是用巧克力製成的，可以互相取代嗎？

A 不可以互相取代！兩者的差異在於可可粉，摩卡糖漿只由巧克力製成，而巧克力糖漿則是巧克力和可可粉混合而成。摩卡糖漿在加入咖啡時會融合咖啡香味，同時增添巧克力風味，若是添加巧克力糖漿，味道會變澀，巧克力味道也會太過強烈。相反的，將摩卡糖漿添加到巧克力飲料中，味道會變淡，香味也會變弱。咖啡飲料請使用摩卡糖漿，巧克力飲料請使用巧克力糖漿。

Q 牛奶加熱會產生腥味怎麼辦？

A 牛奶適合加熱的溫度是60～70℃。一旦超過70℃，蛋白質和脂肪會凝固形成一層皮膜，有些人會覺得有股腥味，所以要注意別將牛奶過度加熱。如果出現了皮膜，可以把膜撈起來，但無法恢復味道。

裝飾的技巧

Q 盛裝咖啡飲品時，要先倒牛奶還是咖啡？

A 這沒有定論，但先倒牛奶或咖啡，其外觀和味道都可能會不同。

熱咖啡

咖啡→牛奶 因為牛奶在上層，飲用時會覺得更柔和。可以做咖啡拉花。

牛奶→咖啡 因為咖啡在上層，更能品嚐到咖啡油脂的豐富香味。

冰咖啡

牛奶→咖啡 咖啡往下流會形成漂亮的漸層色，所以通常會採用此順序。

Q 氣泡飲的食材會漂浮而變得雜亂，該怎麼盛裝呢？

A 第一，調整食材的裝杯順序。若以「冰塊→水果基底→氣泡水」順序盛裝，水果基底的料會浮起，視覺變得雜亂。氣泡飲必須按照「水果基底→冰塊→氣泡水」順序盛裝，冰塊可以壓住水果基底的料，讓整體美觀俐落。第二，可以把食材卡在冰塊之間。較大的水果或花草不要最後才放入，在倒入氣泡水前就先安插在每顆冰塊之間，就能避免食材漂浮。

Q 飲料的裝飾設計有什麼know-how？

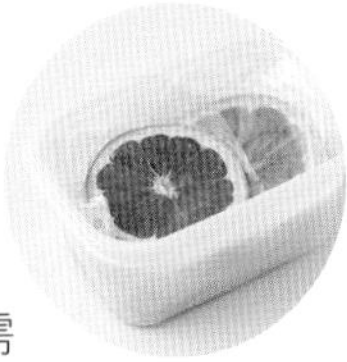

A 常用方法之一就是**利用柳橙或葡萄柚的切片**。將柳橙或葡萄柚切成圓片後，平貼在杯子內側，就能在視覺上形成重心，同時又賦予清爽感。如照片所示，切片後分裝冷凍，需要時取出一片即可使用。

另一個方法是**利用顏色對比**。雖然利用飲料食材作為裝飾是安全牌的選擇，但相近顏色所帶來的效果並不強烈，反而如果使用對比鮮明的食材做裝飾，就能讓整體顯得更豐富。例如，橘色的葡萄柚氣泡飲若只用葡萄柚裝飾，視覺上就不那麼出色，這時放入幾顆紫色藍莓作為點綴，便有畫龍點睛之效。

Chapter 1

咖啡

活用變化製作出豐富多樣的咖啡飲品

從用Espresso製作的基本咖啡，到添加牛奶製成的各種咖啡拿鐵，還有近來很受歡迎的鮮奶油咖啡，本章節將介紹多樣化的咖啡品項，在家也能自製出香氣濃郁的美味咖啡飲品。

Coffee

認識Espresso

Espresso是以高溫高壓的水流通過研磨咖啡粉所萃取而成的咖啡，本身就是一項飲品，同時也是能製成其他咖啡飲品的基本材料。原則上，「Espresso」專指用Espresso機所萃取的咖啡，而本書為了讓讀者能享受到咖啡滋味，會一併介紹「濃縮咖啡」的其他作法，以取代傳統的Espresso。

Espresso Solo（Single）
基本的Espresso。用20～30mℓ的水萃取7～10g的咖啡豆，稱為「1 shot」（以下稱為1份）。本書標準容量為20mℓ。

Espresso Doppio（Double）
用40～60mℓ的水萃取14～20g的咖啡豆，稱為「2 shot」、「Double shot」（以下稱為2份），意指跟Espresso Solo濃度相同，但為兩倍份量。本書標準容量為40mℓ。

製作Espresso

方法1　利用Espresso機

這是用高溫高壓的水來萃取咖啡的方法。將研磨咖啡粉放入「沖煮把手」（帶有手柄的裝咖啡粉工具），再使用壓粉器（施加壓力將咖啡粉壓實，使咖啡能順利萃取）水平加壓，最後安裝在咖啡機上進行萃取。這樣就能萃取出含有咖啡脂層（萃取咖啡時產生的金黃色柔滑泡沫）的濃郁咖啡。

方法2　利用摩卡壺

這是利用水蒸氣壓力來萃取咖啡的方法。在下壺（最底部的裝水部分）裝水，然後在粉槽放入研磨咖啡粉，再將其放在電磁爐或瓦斯爐上進行萃取。這種方法可以萃取出口感柔和的咖啡。

方法3　利用膠囊咖啡機

按照各款式膠囊咖啡機的使用方法來萃取咖啡即可。在「Nespresso Vertuo」咖啡機放入「Scuro」咖啡膠囊後，長按按鈕選擇20mℓ，即可萃取出1份Espresso。在所有膠囊咖啡中，這款最接近Espresso的味道，所以推薦使用。

方法4　使用即溶咖啡

這是製作Espresso最簡單的方法。在20～30mℓ的熱水中，加入2包「KANU mini」（即溶咖啡品名）並攪拌，就可以做出1份與Espresso濃度近似的咖啡。

製作冷萃咖啡

冷萃咖啡（Cold brew）是一種利用冷水長時間緩慢萃取的咖啡，相比Espresso更為柔順，尤其苦味較少。將萃取的咖啡倒入瓶中，冷藏24小時以上，可以使風味更加濃郁，因此可以一次大量製作。冷萃咖啡特別適合用來製作鮮奶油咖啡。

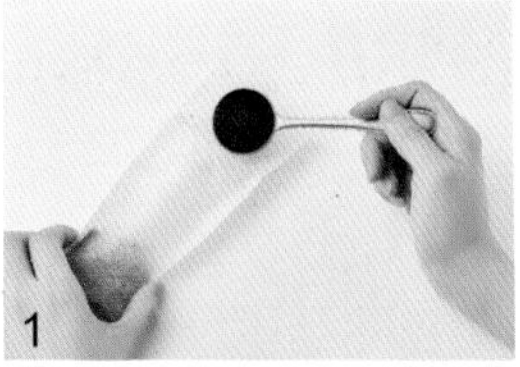

1. 把研磨咖啡粉裝入茶袋或湯料袋。
2. 把袋子放入瓶中並倒入水，咖啡粉和水的比例約為1：5，但沒有絕對標準，可以依照個人喜好調整。
3. 放入冰箱冷藏至少8小時以上，接著取出袋子，用手輕輕擠壓即可，完成的冷萃咖啡可冷藏保存7天。

Q&A　冷萃咖啡和冰滴咖啡有何不同？

冷萃咖啡和冰滴咖啡有一個共同點，就是它們皆是利用冷水緩慢萃取。冷萃咖啡是美式名稱，是一種「浸泡式」咖啡，將咖啡與水混合來進行萃取。冰滴咖啡也被稱為荷蘭式咖啡，它是日式名稱，是一種「點滴式」咖啡，將冰水一點一點的滴入咖啡粉來進行萃取。儘管有這樣的差別，但兩者的味道差異不大。

不同模式的咖啡＋牛奶

在咖啡中加入牛奶的飲用方式相當常見，但各國的名稱略有差異。在咖啡館點餐時，也經常因為不同的名稱而讓人感到混淆。不過，只要知道咖啡和牛奶的比例，就可以輕鬆理解。

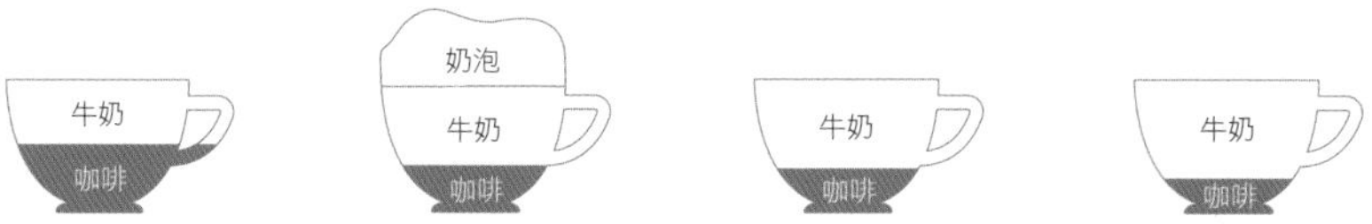

告爾多（Cortado）
咖啡：牛奶
＝1：1

卡布奇諾
咖啡：牛奶：奶泡
＝1：2：3

馥列白
咖啡：牛奶
＝1：3

咖啡拿鐵
咖啡：牛奶
＝1：5

康寶藍咖啡 Caffè Con Panna，告爾多 Cortado

這裡介紹用Espresso製作的兩種飲品。
康寶藍咖啡是義式咖啡的一種，在Espresso上加入鮮奶油裝飾；
告爾多則是西班牙極具代表性的咖啡，
由2份Espresso加入等量的牛奶而製成。

康寶藍咖啡

1杯（120mℓ, 4oz）

・Espresso 2份（40mℓ）

鮮奶油
・鮮奶油65g（4又1/3大匙）
・打發鮮奶油30g（2大匙）
・砂糖12g（1大匙）
・香草精1滴

裝飾
・巧克力粉少許

1. 在碗中放入鮮奶油的材料，使用手持式攪拌機或打蛋器打發至流動狀態。
2. 將Espresso倒入杯中，加入打發的鮮奶油50～60克，再撒上巧克力粉。
   * 鮮奶油的量可依照喜好增減。
   * 剩餘的鮮奶油密封冷藏可保存2天。

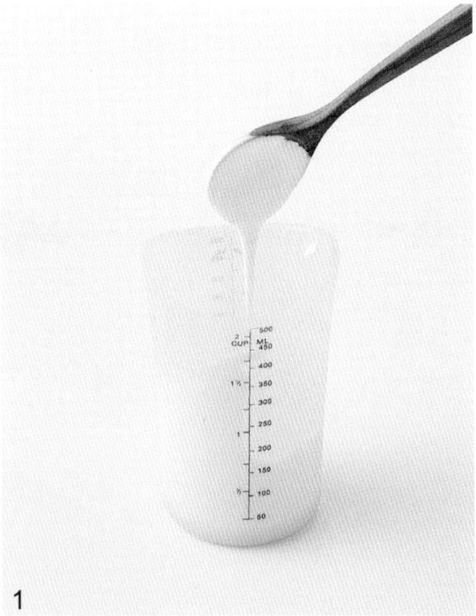

1

告爾多

1杯（120mℓ, 4oz）

・Espresso 2份（40mℓ）
・牛奶40mℓ（1/5杯）

1. 將全部的牛奶倒入奶泡機中，加熱至溫熱狀態。
   * 也可以用微波爐加熱15～25秒，或用中火在鍋中加熱15～20秒。
2. 在杯中倒入Espresso，再倒入牛奶。

2

卡布奇諾 Cappuccino

卡布奇諾是在Espresso上放入豐厚奶泡的咖啡飲品，
咖啡、牛奶與奶泡的比例在1：2：3最為恰當。
為了做出豐富的奶泡，食譜中需要相當充裕的牛奶量。

1杯（230㎖, 8oz）

- Espresso 1份（20㎖）
- 牛奶90㎖（約1/2杯）

1. 將牛奶倒入奶泡機，做出溫熱的奶泡。
   * 在卡布奇諾中，豐厚滑順的奶泡為其重點，所以建議使用奶泡機。
2. 先倒入牛奶，再舀入奶泡，以免奶泡沉入杯中。
3. 小心地倒入Espresso。

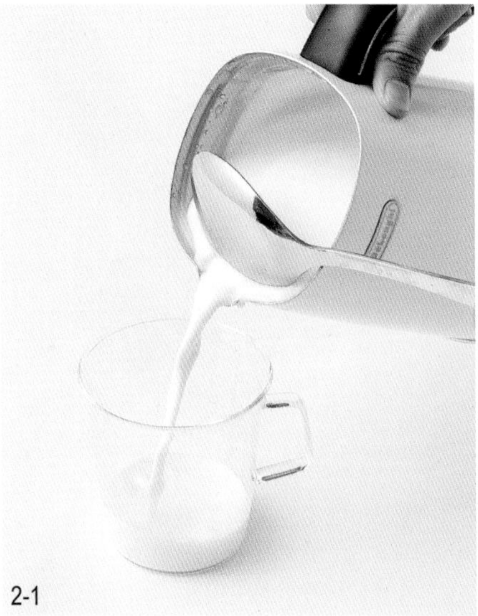

2-1

2-2

Tip 在奶泡上撒入少許巧克力粉、肉桂粉、柳橙果皮絲等，可以增添風味喔！

肉桂冷萃咖啡

在口感清爽、沒有雜味的冷萃咖啡中，加入了肉桂棒。
咖啡粉與水的比例1：3或1：5皆可以，依照個人喜好決定。

1杯（370㎖, 13oz）／冷藏3～5天
咖啡浸泡5～8小時

- 研磨咖啡粉30g（6大匙）
- 冷開水150㎖（3/4杯）
- 肉桂棒1根
- 冰塊適量

1. 把研磨咖啡粉放入茶袋或湯料袋中。
2. 在容器中放入①的袋子、冷開水和肉桂棒，密封後放入冰箱冷藏5～8小時，再取出袋子和肉桂棒。
3. 把冰塊放入杯中，再倒入做好的肉桂冷萃咖啡。
   * 肉桂棒也可以用於裝飾。

1

2

咖啡拿鐵 Caffè Latte

混合咖啡和牛奶的咖啡拿鐵
跟美式咖啡同樣是最受大眾喜愛的咖啡飲品。
依照個人喜好，牛奶可以替換成低脂牛奶、豆奶或燕麥奶。

hot

1杯（230mℓ, 8oz）

- Espresso 1份（20mℓ）
- 牛奶150mℓ（3/4杯）

1. 將牛奶用微波爐加熱40～55秒，或用中火在鍋中加熱30～40秒至溫熱狀態。
2. 在杯中倒入Espresso，再將熱牛奶倒入。

ice

1杯（370mℓ, 13oz）

- Espresso 1份（20mℓ）
- 冰牛奶150mℓ（3/4杯）
- 冰塊適量

1. 把冰塊放入杯中，再倒入冰牛奶。
2. 倒入Espresso。

馥列白 Flat White

與咖啡拿鐵類似但又有些不同的馥列白來自於澳洲。
這個名字源自於奶泡的平坦外觀，
奶泡低於 1 公分以下是其特點。

hot

1杯（230mℓ, 8oz）

- Espresso 1份（20mℓ）
- 牛奶90mℓ（約1/2杯）

1. 將牛奶倒入奶泡機中，做出溫熱的綿密奶泡。
2. 先將牛奶倒入杯中，再用湯匙舀入低於1公分的奶泡。
3. 小心地倒入Espresso。

2

ice

1杯（370mℓ, 13oz）

- Espresso 1份（20mℓ）
- 牛奶90mℓ（約1/2杯）
- 冰塊適量

1. 將牛奶倒入奶泡機中，做出冰涼的綿密奶泡。
2. 先將冰塊放入杯中，再倒入牛奶，注意別讓奶泡流入。
3. 倒入Espresso。
4. 用湯匙舀入低於1公分的奶泡。

3

香草咖啡拿鐵

想來一杯香甜的咖啡時，這是最受歡迎的選擇。
建議使用親手自製的糖漿，便能享用富有香草氣味的
「真正」香草咖啡拿鐵。

hot

1杯（230mℓ, 8oz）

- Espresso 2份（40mℓ）
- 香草糖漿15mℓ（1大匙，參閱p.17）
- 榛果糖漿5mℓ（1小匙，可省略）
- 牛奶130mℓ（約3/5杯）

1. 將牛奶用微波爐加熱40～55秒，或用中火在鍋中加熱30～40秒至溫熱狀態。
   * 也可以使用奶泡機加熱。
2. 將香草糖漿和榛果糖漿倒入杯中，再倒入牛奶。
3. 倒入Espresso。

2

ice

1杯（370mℓ, 13oz）

- Espresso 2份（40mℓ）
- 香草糖漿15mℓ（1大匙，參閱p.17）
- 榛果糖漿5mℓ（1小匙，可省略）
- 冰牛奶130mℓ（約3/5杯）
- 冰塊適量

1. 將香草糖漿、榛果糖漿和牛奶倒入杯中攪拌。
2. 放入冰塊。
3. 倒入Espresso。

2

焦糖瑪奇朵 Caramel Macchiato

「瑪奇朵」是一種義大利咖啡，意指在Espresso加上奶泡的咖啡。
冰的焦糖瑪奇朵也可改用鮮奶油取代奶泡，同樣美味可口。

hot

1杯（230mℓ, 8oz）

- Espresso 2份（40mℓ）
- 焦糖糖漿15mℓ（1大匙，參閱p.17）
- 牛奶170mℓ（約4/5杯）

裝飾

- 焦糖糖漿少許
- 巧克力粉少許

1. 首先將焦糖糖漿倒入杯中，再倒入Espresso。
2. 將牛奶倒入奶泡機，做出溫熱的奶泡後倒入杯中。
   * 也可以將牛奶放入微波爐加熱45～60秒，或用中火在鍋中加熱40～50秒至溫熱狀態。
3. 淋上焦糖糖漿並撒巧克力粉。

2

ice

1杯（370mℓ, 13oz）

- Espresso 2份（40mℓ）
- 焦糖糖漿15mℓ（1大匙，參閱p.17）
- 牛奶170mℓ（約4/5杯）
- 冰塊適量

裝飾

- 焦糖糖漿少許

1. 在杯中放入冰塊，再倒入焦糖糖漿。
2. 將牛奶倒入奶泡機，做出冰涼的奶泡後倒入杯中。
   * 若沒有奶泡機，可以將牛奶直接倒入杯中。
3. 倒入Espresso，再淋上焦糖糖漿。

2

Tip 冰的焦糖瑪奇朵可以使用康寶藍咖啡（參閱p.28）中，製作的鮮奶油來取代奶泡，味道會更香甜和豐富。

摩卡咖啡 Cafe Mocha

摩卡咖啡是在Espresso中加入牛奶和巧克力的飲品。
使用72%黑巧克力製成的摩卡糖漿，能讓味道更加濃郁，
若再添加一些香草糖漿可以提升風味。

hot

1杯（230mℓ, 8oz）

- Espresso 2份（40mℓ）
- 摩卡糖漿30mℓ（2大匙，參閱p.17）
- 香草糖漿5mℓ
（1小匙，可省略，參閱p.17）
- 牛奶100mℓ（1/2杯）

1. 將摩卡糖漿、香草糖漿倒入杯中攪拌均勻。
2. 將牛奶用微波爐加熱40～50秒，或用中火在鍋中加熱30～40秒至溫熱狀態，再倒入杯中。
＊也可以使用奶泡機加熱。
3. 小心地倒入Espresso。

2

ice

1杯（370mℓ, 13oz）

- Espresso 2份（40mℓ）
- 摩卡糖漿30mℓ（2大匙，參閱p.17）
- 香草糖漿5mℓ
（1小匙，可省略，參閱p.17）
- 冰牛奶100mℓ（1/2杯）
- 冰塊適量

1. 將香草糖漿和牛奶倒入杯中攪拌，接著放入冰塊。
2. 在Espresso中加入摩卡糖漿攪拌，再倒入杯中。
＊摩卡糖漿加入冰牛奶不易溶解，所以先與Espresso混合。

2

煉乳拿鐵 Dolce Latte

「Dolce」在義大利語有「甜美、柔和」的意思。
從韓國星巴克以「Dolce Latte」為名，推出添加煉乳的咖啡後，
相當受大眾歡迎，蔚為一股風潮。

hot

1杯（230㎖, 8oz）

・Espresso 2份（40㎖）
・煉乳25㎖（1又2/3大匙）
・牛奶120㎖（3/5杯）

1. 將牛奶用微波爐加熱40～50秒，或用中火在鍋中加熱30～40秒至溫熱狀態。
   * 也可以使用奶泡機加熱。
2. 先把煉乳倒入杯中，再倒入牛奶。
3. 倒入Espresso。

2

ice

1杯（370㎖, 13oz）

・Espresso 2份（40㎖）
・冰牛奶120㎖（3/5杯）
・煉乳30㎖（2大匙）
・冰塊適量

1. 在量杯中倒入牛奶和15㎖煉乳一起攪拌。
2. 在杯口處塗上剩餘的15㎖煉乳後，放入冰塊。
   * 在杯口處塗抹煉乳，會產生咖啡往下流的效果。此步驟也可以省略，直接把30㎖煉乳和牛奶混合。
3. 先將①的牛奶倒入杯中，再倒入Espresso。

2

抹茶咖啡拿鐵

一般常見的是把抹茶和牛奶混合做成抹茶拿鐵，
這裡會再加入咖啡製成抹茶咖啡拿鐵，也別有一番迷人風味。
比起白砂糖，抹茶更適合添加有機蔗糖，會更對味。

hot

1杯（230mℓ, 8oz）

・Espresso 2份（40mℓ）
・牛奶120mℓ（3/5杯）
・抹茶粉2g（2小匙，或焙茶粉）
・有機蔗糖16g（1又1/3大匙，或砂糖）

裝飾
・抹茶粉少許

1. 將牛奶、抹茶粉、有機蔗糖倒入奶泡機，加熱至溫熱狀態。
   * 也可以用微波爐加熱40～50秒，或用中火在鍋中加熱30～40秒。
2. 倒入杯中後，小心地倒入Espresso。
3. 撒上抹茶粉。

1

2

ice

1杯（370mℓ, 13oz）

・Espresso 2份（40mℓ）
・牛奶130mℓ（約3/5杯）
・抹茶粉3g（3小匙，或焙茶粉）
・有機蔗糖24g（2大匙，或砂糖）
・冰塊適量

裝飾
・抹茶粉少許

1. 將牛奶、抹茶粉、有機蔗糖倒入奶泡機攪拌均勻。
   * 亦可使用手持式攪拌棒或打蛋器。
2. 在杯中放入冰塊，再倒入①。
3. 小心地倒入Espresso，再撒上抹茶粉裝飾。

2

薄荷巧克力拿鐵

為喜愛薄荷巧克力的人介紹這款特別的咖啡。
使用薄荷鮮奶茶和摩卡糖漿，
就能品嚐到高級且淡雅清香的薄荷巧克力風味咖啡。

1杯（370mℓ, 13oz）

- Espresso 2份（40mℓ）
- 摩卡糖漿30mℓ（2大匙，參閱p.17）
- 冰塊適量

薄荷鮮奶茶

- 牛奶250mℓ（1又1/4杯）
- 有機蔗糖9g（3/4大匙，或砂糖）
- 薄荷茶6g（3小匙或茶包3個）

裝飾

- 蘋果薄荷少許

1. 將150mℓ牛奶放入微波爐加熱20～25秒（約40～45℃），再裝入密封容器。
2. 放入薄荷茶和有機蔗糖，攪拌約1～2分鐘。
   ＊攪拌能讓香味更釋放出來。
3. 倒入剩餘的牛奶拌勻後蓋上蓋子，冰箱冷藏浸泡12小時以上。
4. 使用濾網過濾茶葉。
5. 在杯中放入冰塊，再倒入④的薄荷鮮奶茶100mℓ（1/2杯）。
6. 混合Espresso和摩卡糖漿後，再倒入杯中，最後擺上蘋果薄荷。

2

4

5

6

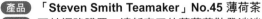

產品推薦 「Steven Smith Teamaker」No.45 薄荷茶
可於網路購買。清新爽口的薄荷茶散發淡淡巧克力香，相當迷人。

冰磚咖啡拿鐵

製作冰飲時，如果使用咖啡冰塊，
就可以在飲用過程中持續品嚐到濃郁滋味。
預先做好Espresso冰塊，想喝時只需倒入牛奶，
就能輕鬆享受一杯香濃拿鐵。

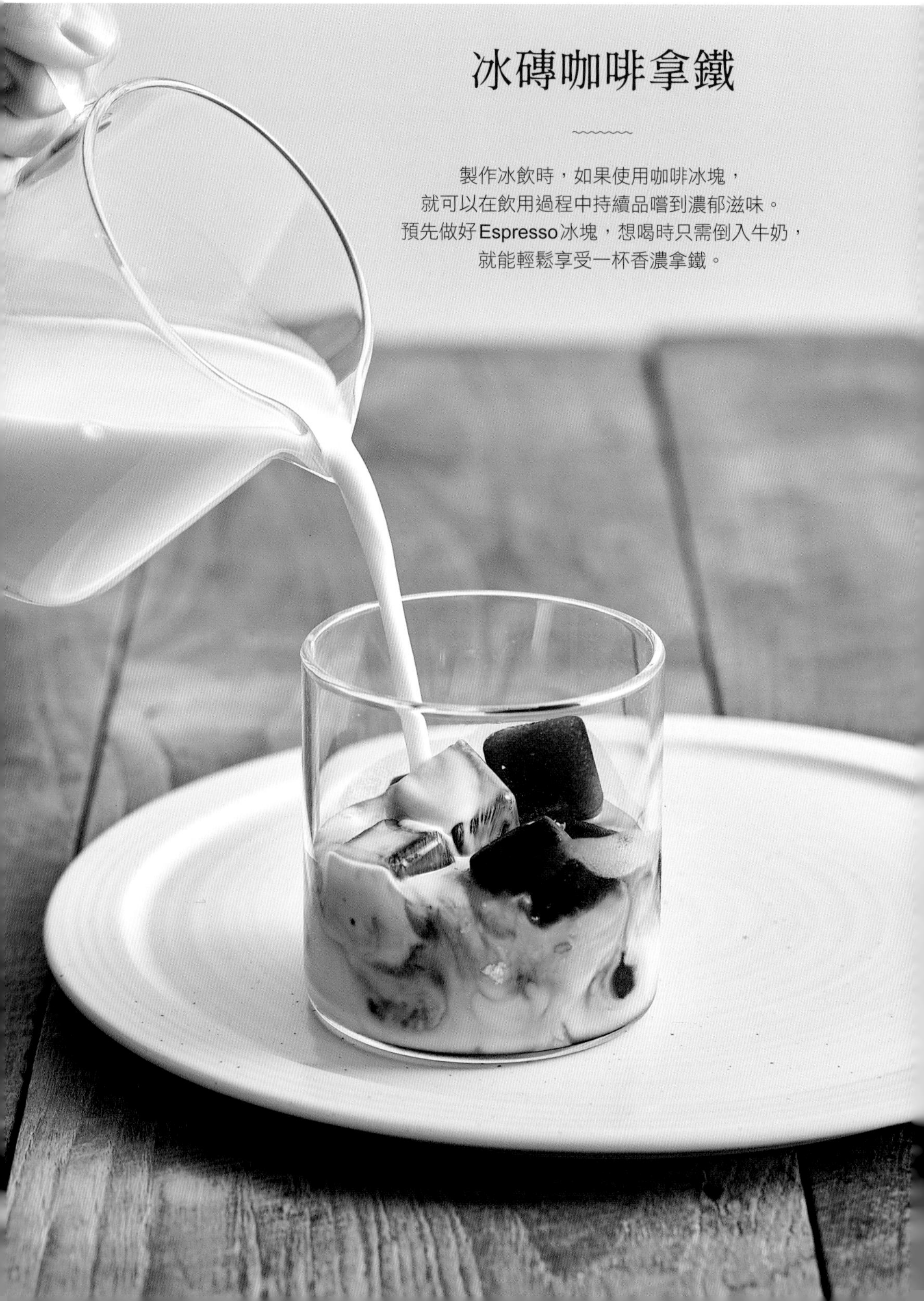

1杯（370mℓ, 13oz）
冰塊冷凍5小時

- Espresso 2份（40mℓ）
- 冷開水60mℓ（4大匙）
- 冰牛奶200mℓ（1杯）
- 香草糖漿20mℓ
（1又1/3大匙，參閱p.17）

1. 將Espresso和冷開水混合攪拌後，倒入製冰盒冷凍。
2. 在量杯中倒入牛奶和香草糖漿拌勻。
3. 在杯中放入Espresso冰塊，再倒入②的牛奶。

1

2

阿芙佳朵 Affogato，漂浮咖啡拿鐵

這是兩種使用冰淇淋的咖啡飲品。
一種是將Espresso倒在香草冰淇淋上的義大利甜點「阿芙佳朵」，
另一種則是冰淇淋漂浮在咖啡拿鐵上的「漂浮咖啡拿鐵」。

阿芙佳朵

1杯（280mℓ, 10oz）

- Espresso 2份（40mℓ）
- 香草冰淇淋200g（約2勺）

裝飾
- 蘋果薄荷少許

1. 在杯中裝入冰淇淋。
2. 倒入Espresso，再用蘋果薄荷裝飾。

2

漂浮咖啡拿鐵

1～2杯（470mℓ, 16oz）

- Espresso 2份（40mℓ）
- 香草冰淇淋50g（約1/2勺）
- 牛奶100mℓ（1/2杯）
- 香草糖漿10mℓ（2小匙，參閱p.17）
- 冰塊適量

1. 在杯中裝入冰塊，再放上冰淇淋。
2. 將牛奶和香草糖漿倒入奶泡機攪打後，倒入杯中。
   * 也可以將香草糖漿加入冰牛奶中，直接拌勻。
3. 倒入Espresso。

2

香草星冰樂
摩卡可可碎片星冰樂

星冰樂（Frappuccino）是由咖啡、牛奶、鮮奶油等，
與冰塊一起打碎所製成，是星巴克最具代表性的飲品。
製作時必須使用超高速果汁機，
才能完成材料不分離、冰塊顆粒細緻的星冰樂。

摩卡可可碎片星冰樂

香草星冰樂

香草星冰樂

1杯（370mℓ, 13oz）

· Espresso 2份（40mℓ）
· 香草糖漿60mℓ（4大匙，參閱p.17）
· 牛奶100mℓ（1/2杯）
· 冰塊150g（約1杯）

裝飾
· 巧克力粉少許

1. 將所有材料放入果汁機打碎。
2. 裝入杯中後，撒上巧克力粉。

1

摩卡可可碎片星冰樂

1杯（370mℓ, 13oz）

· Espresso 2份（40mℓ）
· 巧克力豆30g（2大匙）
· 香草糖漿40mℓ
（2又2/3大匙，參閱p.17）
· 牛奶100mℓ（1/2杯）
· 冰塊150g（約1杯）

裝飾
· 巧克力糖漿少許（參閱p.18）
· 巧克力豆少許

1. 將所有材料放入果汁機打碎。
2. 在杯子內側塗上巧克力糖漿。
* 在杯子內側塗抹糖漿，會產生糖漿往下流的效果，也可省略此步驟。
3. 將①裝入杯中後，撒上巧克力豆作為裝飾。

2

Tip 方塊狀的巧克力豆不易融化，咀嚼的口感也好，因此常用於裝飾。

髒髒咖啡 Dirty Coffee

看起來越髒越有魅力的一款咖啡。
別於其他咖啡入口的香甜滋味，
可可粉的微苦味道會在口中留下餘韻。
鮮奶油和可可粉鋪在咖啡上，甚至溢出杯子都很好！

1杯（120㎖, 4oz）

・Espresso 2份（40㎖）
・砂糖5g（約1/2大匙）
・可可粉適量

鮮奶油
・鮮奶油50g（1/4杯）
・打發鮮奶油50g（1/4杯）
・砂糖10g（約1大匙）

1. 在碗中倒入鮮奶油材料，使用手持式攪拌機或打蛋器，打發至流動狀態。
2. 在杯中加入糖和Espresso拌勻後，撒上大量可可粉。
3. 用湯匙蘸取Espresso，以湯匙背面將Espresso塗抹在杯緣。
4. 再次撒上可可粉，然後倒入①的鮮奶油50～60g。
＊依照個人喜好增減鮮奶油，剩餘的鮮奶油密封後可冷藏保存2天。

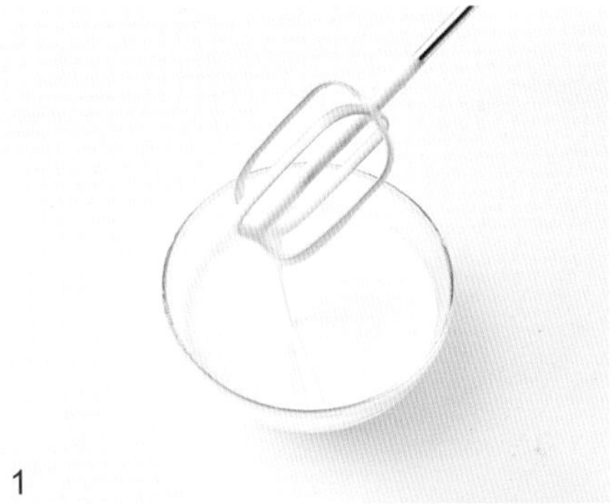
1

2

3

4

香草鮮奶油咖啡拿鐵

一款加上香甜鮮奶油而非奶泡的咖啡。
建議品嚐時不要一開始就攪拌，
而是喝到一半後再攪拌飲用。

1杯（230mℓ, 8oz）

- Espresso 2份（40mℓ）
- 香草糖漿10mℓ（2小匙，參閱p.17）
- 冰牛奶100mℓ（1/2杯）

鮮奶油

- 打發鮮奶油70mℓ（4又2/3大匙）
- 鮮奶油35mℓ（2又1/3大匙）
- 香草精1滴
- 砂糖4g（1小匙）
- 玫瑰鹽2g（1/2小匙）

裝飾

- 巧克力粉少許

1. 在碗中倒入鮮奶油材料，使用手持式攪拌機或打蛋器，打發至流動狀態。
2. 在杯中加入香草糖漿和牛奶後拌勻。
   * 不加冰塊以保有濃厚風味，但若想要加冰塊，請在此步驟加入，並使用更大的杯子。
3. 放上①的鮮奶油70g。
   * 依照個人喜好增減鮮奶油，剩餘的鮮奶油密封後可冷藏保存2天。
4. 倒入Espresso，再撒上巧克力粉。

1

3

Tip 玫瑰鹽採自喜馬拉雅山脈，沒有一般鹽的雜味，而是具有清爽的淡淡鹹味，所以相當適合用來製作飲料。

花生鮮奶油拿鐵

甜鹹口味的經典！
這裡介紹令人上癮的花生鮮奶油拿鐵，
另把花生鮮奶油打得更濃稠，用麵包沾來吃也非常美味。

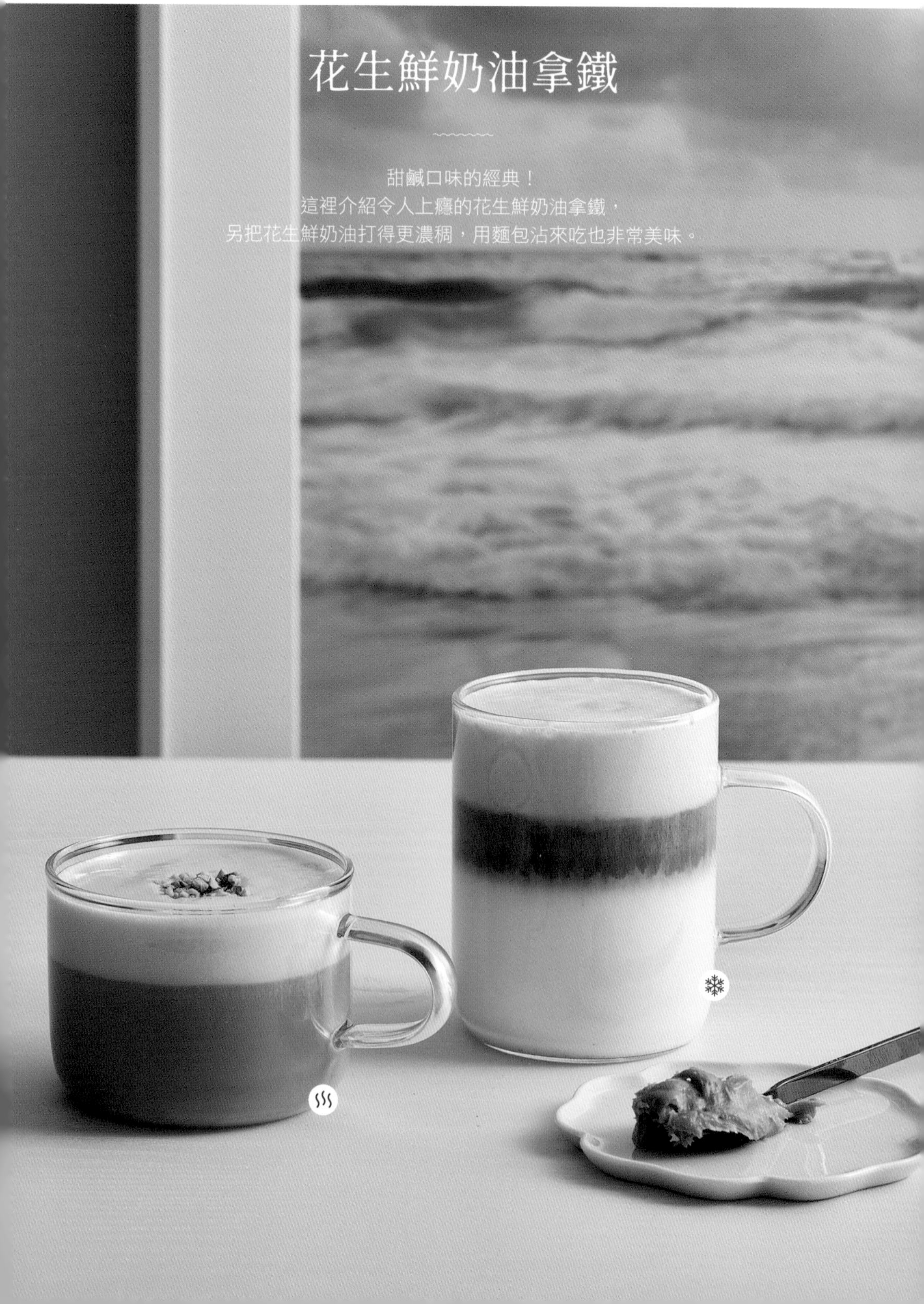

hot

1杯（230mℓ, 8oz）

- Espresso 2份（40mℓ）
- 牛奶100mℓ（1/2杯）
- 香草糖漿15mℓ（1大匙，參閱p.17）

花生鮮奶油
- 鮮奶油30mℓ（2大匙）
- 打發鮮奶油15mℓ（1大匙）
- 香草糖漿5mℓ（1小匙，參閱p.17）
- 砂糖6g（1/2大匙）
- 花生醬12g（1大匙）

裝飾
- 碎花生少許

1. 在碗中倒入花生鮮奶油的所有材料，使用手持式攪拌機或打蛋器，打發至流動狀態。
2. 將牛奶用微波爐加熱40～50秒，或用中火在鍋中加熱30～40秒至溫熱狀態。
3. 在杯中加入牛奶和香草糖漿拌勻後，放上①的花生鮮奶油60g。
   * 依照個人喜好增減鮮奶油，剩餘的鮮奶油密封後可冷藏保存2天。
4. 小心地倒入Espresso，再撒上碎花生裝飾。

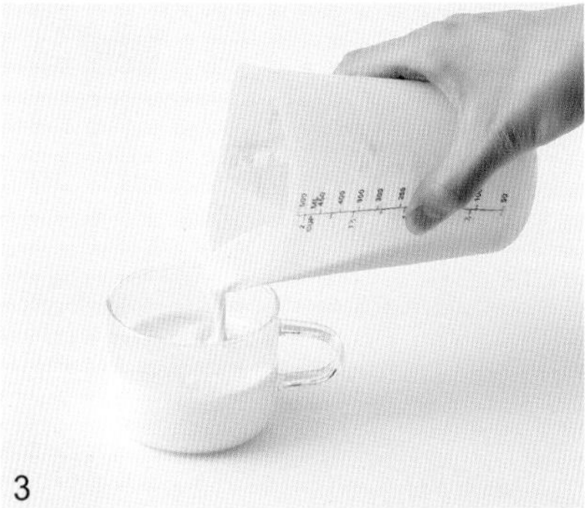
3

ice

1杯（230mℓ, 8oz）

- Espresso 2份（40mℓ）
- 冰牛奶100mℓ（1/2杯）
- 香草糖漿15mℓ（1大匙，參閱p.17）

花生鮮奶油
- 鮮奶油30mℓ（2大匙）
- 打發鮮奶油15mℓ（1大匙）
- 香草糖漿5mℓ（1小匙，參閱p.17）
- 砂糖6g（1/2大匙）
- 花生醬12g（1大匙）

1. 在碗中倒入鮮花生奶油的所有材料，使用手持式攪拌機或打蛋器，打發至流動狀態。
2. 在杯中加入牛奶和香草糖漿拌勻。
   * 不加冰塊以保有濃厚風味，但若想要加冰塊，請在此步驟加入，並使用更大的杯子。
3. 放上①的花生鮮奶油60g後，小心地倒入Espresso。
   * 依照個人喜好增減鮮奶油，剩餘的鮮奶油密封後可冷藏保存2天。

1

榛果鮮奶油拿鐵

使用自製榛果醬，味道香濃又不會太甜。
建議製作時不要加冰塊，以免鮮奶油拿鐵味道被稀釋。

hot

1杯（230㎖, 8oz）

- Espresso 2份（40㎖）
- 牛奶100㎖（1/2杯）
- 榛果糖漿15㎖（1大匙）

榛果鮮奶油

- 鮮奶油40㎖（2又2/3大匙）
- 打發鮮奶油30㎖（2大匙）
- 榛果糖漿10㎖（2小匙）
- 砂糖12g（1大匙）
- 榛果醬12g（1大匙，參閱p.18）

裝飾

- 碎榛果少許（或其他堅果類）

1. 在碗中倒入榛果鮮奶油的所有材料，使用手持式攪拌機或打蛋器，打發至流動狀態。
2. 將牛奶用微波爐加熱40～50秒，或用中火在鍋中加熱30～40秒至溫熱狀態。
3. 在杯中加入牛奶和榛果糖漿拌勻後，放上①的榛果鮮奶油60g。
   * 依照個人喜好增減鮮奶油，剩餘的鮮奶油密封後可冷藏保存2天。
4. 小心地倒入Espresso，再撒上碎榛果裝飾。

ice

1杯（230㎖, 8oz）

- Espresso 2份（40㎖）
- 冰牛奶100㎖（1/2杯）
- 榛果糖漿15㎖（1大匙）

榛果奶油

- 鮮奶油40㎖（2又2/3大匙）
- 打發鮮奶油30㎖（2大匙）
- 榛果糖漿10㎖（2小匙）
- 砂糖12g（1大匙）
- 榛果醬12g（1大匙，參閱p.18）

1. 在碗中倒入榛果奶油的所有材料，使用手持式攪拌機或打蛋器，打發至流動狀態。
2. 在杯中加入牛奶和榛果糖漿拌勻。
   * 不加冰塊以保有濃厚風味，但若想要加冰塊，請在此步驟加入，並使用更大的杯子。
3. 放上①的榛果鮮奶油60g後，小心地倒入Espresso。
   * 依照個人喜好增減鮮奶油，剩餘的鮮奶油密封後可冷藏保存2天。

1

3

岩鹽維也納咖啡

在黑咖啡加上鮮奶油的飲品稱為「Einspänner」，
這種咖啡較廣為人知的名稱則是「維也納咖啡」，
如今各種鮮奶油咖啡也都冠上了該名號。
這款品項是在清爽的冷萃咖啡加了甜鹹的岩鹽鮮奶油，
建議直接飲用，不要攪拌喔！

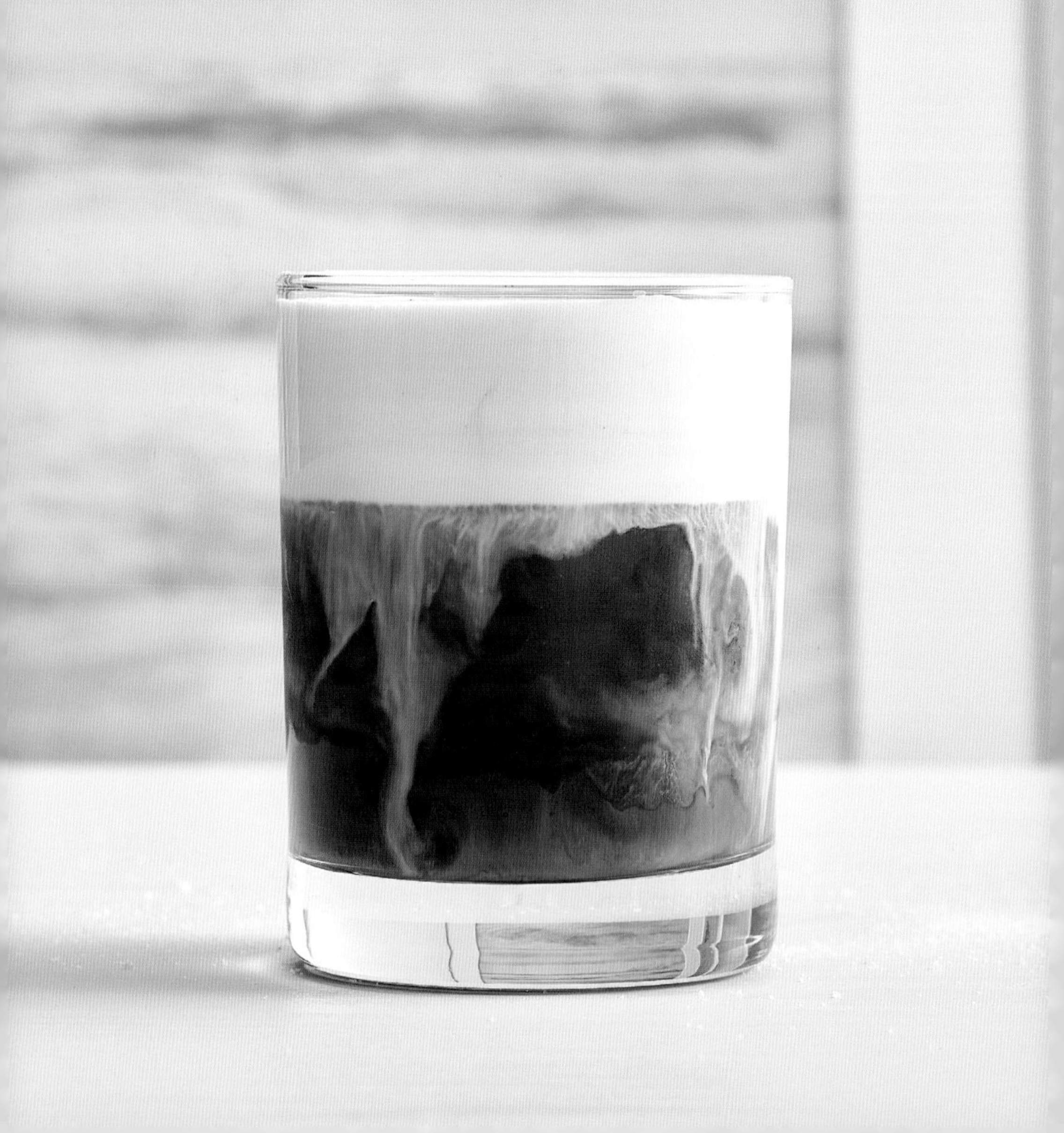

1杯（370㎖, 13oz）

- 冷萃咖啡60㎖
（或Espresso 2份，參閱p.27）
- 冰開水50㎖（1/4杯）
- 冰塊適量

岩鹽鮮奶油

- 鮮奶油60㎖（4大匙）
- 打發鮮奶油30㎖（2大匙）
- 砂糖8g（2小匙）
- 奶油乳酪14g（2小匙）
- 玫瑰鹽少許（或一般鹽）
- 香草精1滴

1. 在碗中倒入岩鹽鮮奶油材料，使用手持式攪拌機或打蛋器，打發至流動狀態。
2. 在杯中裝入冰塊，再倒入冰開水和冷萃咖啡。
3. 放上①的岩鹽鮮奶油80g。

* 依照個人喜好增減鮮奶油，剩餘的鮮奶油密封後可冷藏保存2天。

1

3

Tip 玫瑰鹽採自喜馬拉雅山脈，沒有一般鹽的雜味，而是具有清爽的淡淡鹹味，所以相當適合用來製作飲料。

伯爵維也納咖啡

混合了伯爵鮮奶茶和咖啡的飲品，
上面再添加伯爵鮮奶油，可以讓味道更加濃郁。
若覺得製作鮮奶油很麻煩，
只混合鮮奶茶和Espresso也很美味。

hot

1杯（230mℓ, 8oz）

- Espresso 2份（40mℓ）
- 伯爵鮮奶茶100mℓ
（1/2杯，參閱p.90）

伯爵鮮奶油

- 打發鮮奶油60mℓ（4大匙）
- 伯爵茶6g（3小匙或茶包3個）
- 鮮奶油120mℓ（3/5杯）
- 砂糖16g（1又1/3大匙）

裝飾

- 伯爵茶少許

1. 在鍋中放入打發鮮奶油和伯爵茶，用小火煮至冒煙後，移入冰箱冷卻。
2. 移除茶葉後，加入鮮奶油和糖，使用手持式攪拌機或打蛋器，打發至流動狀態。
3. 將伯爵鮮奶茶用微波爐先加熱40～50秒。
4. 將加熱完成的伯爵鮮奶茶倒入杯中，加入②的伯爵鮮奶油70g。
＊依照個人喜好增減鮮奶油，剩餘的鮮奶油密封後可冷藏保存2天。
5. 倒入Espresso，再撒上伯爵茶葉作為裝飾。

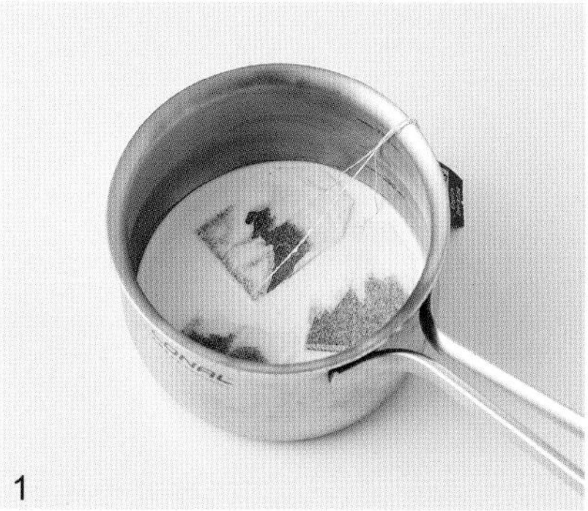

1

ice

1杯（230mℓ, 8oz）

- Espresso 2份（40mℓ）
- 冰伯爵鮮奶茶100mℓ
（1/2杯，參閱p.90）

伯爵鮮奶油

- 打發鮮奶油60mℓ（4大匙）
- 伯爵茶6g（3小匙或茶包3個）
- 鮮奶油120mℓ（3/5杯）
- 砂糖16g（1又1/3大匙）

1. 在鍋中放入打發鮮奶油和伯爵茶，用小火煮至冒煙後，移入冰箱冷卻。
2. 移除茶葉後，加入鮮奶油和糖，使用手持式攪拌機或打蛋器，打發至流動狀態。
3. 將冰伯爵鮮奶茶倒入杯中。
＊不加冰塊以保有濃厚風味，但若想要加冰塊，請在此步驟加入，並使用更大的杯子。
4. 加入②的伯爵鮮奶油70g，再倒入Espresso。
＊依照個人喜好增減鮮奶油，剩餘的鮮奶油密封後可冷藏保存2天。

4

粉紅維也納咖啡

這一款也是飲料店的標誌性特色咖啡飲品。
粉紅色鮮奶油的製作方法是在諮詢中經常聽到的問題之一，
需要注意色素的適當用量。

1杯（370㎖, 13oz）

- 冷萃咖啡60㎖
（或Espresso 2份，參閱p.27）
- 冰開水50㎖（1/4杯）
- 冰塊適量

粉紅鮮奶油
- 打發鮮奶油70㎖（4又2/3大匙）
- 鮮奶油35㎖（2又1/3大匙）
- 香草精1滴
- 砂糖8g（2小匙）
- 玫瑰鹽少許
- 粉紅色食用色素少許

裝飾
- 食用花1朵（或玫瑰鹽少許）

1. 在碗中倒入粉紅鮮奶油材料，使用手持式攪拌機或打蛋器，打發至流動狀態。
* 色素僅使用極少量，如圖所示。
2. 在杯中裝入冰塊，再倒入冰開水和冷萃咖啡。
3. 放上①的粉紅鮮奶油80g，再以食用花或玫瑰鹽作為裝飾。
* 依照個人喜好增減鮮奶油，剩餘的鮮奶油密封後可冷藏保存2天。

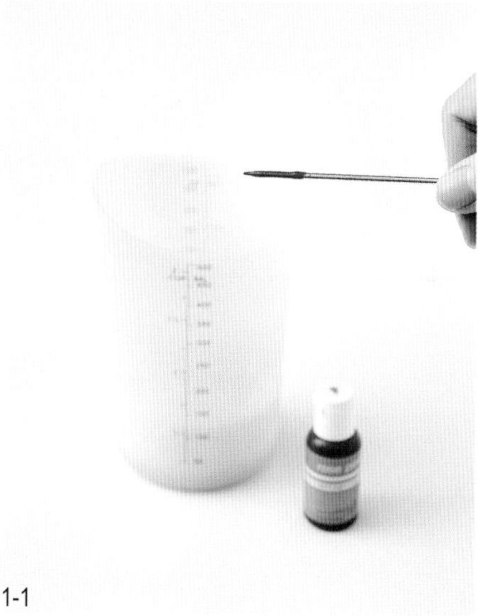
1-1

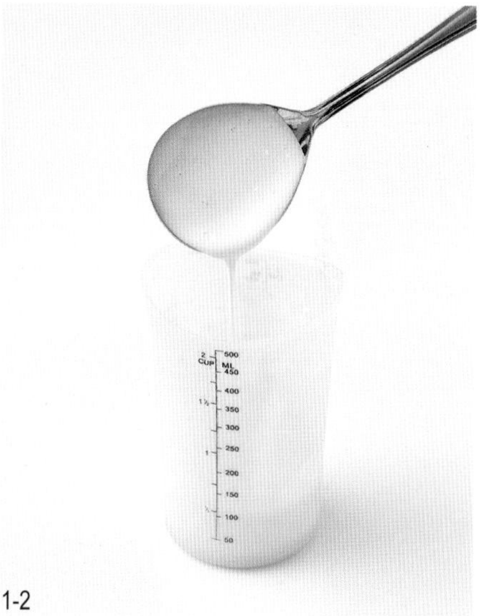
1-2

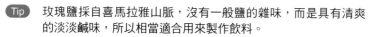

Tip 玫瑰鹽採自喜馬拉雅山脈，沒有一般鹽的雜味，而是具有清爽的淡淡鹹味，所以相當適合用來製作飲料。

產品推薦 **「Chefmaster」玫瑰粉食用色素**
可於網路購買。經過多次的測試，發現Chefmaster品牌的玫瑰粉呈現的色調最美。

Chapter 2

拿鐵・鮮奶茶・優格飲

用牛奶和乳製品做出各式各樣的飲品

本章節介紹的是使用牛奶和乳製品所做的非咖啡飲品。拿鐵（Làtte）在義大利語意指「牛奶」，所以看見飲料名稱中有「拿鐵」，就想成是含有牛奶的飲品即可。以下食譜大多都是水果或茶，再加上牛奶的飲品，小孩也能飲用喔！

Latte, Milk tea & Yogurt

草莓拿鐵
芒果拿鐵

以水果製成的鮮果牛奶，
依照盛裝方法的不同，能創造出各式各樣的美觀設計。
用奶泡機打牛奶，更能享受到柔和滑順的口感。

草莓拿鐵

1～2杯（470mℓ, 16oz）
果露熟成3小時

・草莓50g（約1/2杯）
・砂糖30g（2又1/2大匙）
・冰牛奶180mℓ（4/5杯）
・鮮奶油10mℓ（2小匙，或煉乳）
・冰塊適量

裝飾
・草莓切片3～4片

1. 將草莓剁碎後加入糖，攪拌至完全融化。移入冰箱靜置3小時以上。
2. 在杯中裝入冰塊，再加入牛奶和鮮奶油拌勻。
  * 也可以使用奶泡機攪打混合牛奶和鮮奶油。
3. 將①的草莓果露加入，再用草莓切片裝飾。

芒果拿鐵

1～2杯（470mℓ, 16oz）

・芒果70g
（純果肉，約1/2顆，或水蜜桃）
・砂糖12g（1大匙）
・冰牛奶180mℓ（4/5杯）
・鮮奶油15mℓ（1大匙，或煉乳）
・冰塊適量

裝飾
・香草少許
（蘋果薄荷、迷迭香、百里香擇一）

1. 將芒果和糖放入果汁機打碎。
  * 如果是冷凍芒果，改用叉子壓碎也可以。
2. 在杯中放入①的芒果果露2/3量，再放入冰塊。
3. 用奶泡機混合牛奶、鮮奶油和剩餘芒果果露，倒入杯中，再用香草裝飾。
  * 也可以用另一個杯子混合牛奶、鮮奶油和芒果果露，再倒入②的杯子。

1

3

Tip 若是使用本書的水果基底（參閱p.101），就將原食譜中的水果和糖，替換成草莓基底70mℓ（4又2/3大匙）、芒果基底60mℓ（4大匙）。

柳橙拿鐵
藍莓拿鐵

柳橙和藍莓更常見的作法是搭配優酪乳，
但是跟牛奶搭配會比想像中適合喔！
柳橙要記得去掉白膜，只使用果肉製作才會更爽口。

柳橙拿鐵

1～2杯（470㎖, 16oz）
果露熟成3小時

- 柳橙70g
  （含皮，約1/3顆，或葡萄柚）
- 砂糖28g（2又1/3大匙）
- 冰牛奶180㎖（4/5杯）
- 煉乳5㎖（1小匙）
- 冰塊適量

1. 柳橙去除外皮和白膜後，只挑出果肉部分。
2. 將糖加入柳橙中，攪拌至完全融化。移入冰箱靜置3小時以上。
3. 在杯中加入牛奶和煉乳攪拌均勻，再放入冰塊。
   * 也可以用奶泡機混合牛奶和煉乳。
4. 加入②的柳橙果露。

1

藍莓拿鐵

1～2杯（470㎖, 16oz）
果露熟成3小時

- 藍莓60g（約1/2杯）
- 砂糖24g（2大匙）
- 冰牛奶180㎖（4/5杯）
- 煉乳20㎖（1又1/3大匙）
- 冰塊適量

裝飾
- 藍莓2～3顆
- 香草少許
  （蘋果薄荷、迷迭香、百里香擇一）

1. 藍莓剁碎後加入糖，並攪拌至融化。移入冰箱靜置3小時以上。
2. 杯中放入①的2/3量，再放入冰塊。
3. 用奶泡機混合牛奶、煉乳和剩餘藍莓果露後，倒入杯中，再進行裝飾。
   * 也可用另一個杯子混合牛奶、煉乳和藍莓果露，再倒入②的杯子。

1

3

Tip 若是使用本書的水果基底（參閱p.101、102），就將原食譜中的水果和糖，替換成柳橙基底、藍莓基底60㎖（4大匙）。

抹茶拿鐵

如果要充分發揮抹茶拿鐵的芳香微苦滋味，
抹茶粉的選擇就相當重要。
使用煉乳取代一般糖，能享受到更柔和滑順的口感。

hot

1杯（280mℓ, 10oz）

- 抹茶粉3g（約1小匙，或焙茶粉）
- 煉乳25mℓ（1又2/3大匙）
- 熱開水20mℓ（1又1/3大匙）
- 牛奶190mℓ（約1杯）

1. 在熱開水中加入抹茶粉和煉乳，使用茶筅或打蛋器攪拌均勻。
2. 將牛奶倒入奶泡機中，加熱至溫熱狀態，再倒入杯中。
   * 也可以用微波爐加熱45～60秒，或用中火在鍋中加熱40～50秒。
3. 倒入①的抹茶，撒上抹茶粉作為裝飾。

1

ice

1～2杯（470mℓ, 16oz）

- 抹茶粉3g（約1小匙，或焙茶粉）
- 煉乳30mℓ（2大匙）
- 熱開水20mℓ（1又1/3大匙）
- 冰牛奶190mℓ（約1杯）
- 冰塊適量

1. 在熱開水中加入抹茶粉和煉乳，使用茶筅或打蛋器攪拌均勻。
2. 將冰牛奶倒入奶泡機中，稍微攪打。
   * 若沒有奶泡機，可省略此步驟。
3. 在杯中裝入冰塊，再倒入②的牛奶。
4. 倒入①的抹茶，撒上抹茶粉作為裝飾。

4

Tip 抹茶是將綠茶磨成細粉製成，焙茶則是將綠茶烘焙，直到產生香味為止。

產品推薦 **「Dadore」抹茶粉**
抹茶粉是將茶葉嫩芽經過蒸氣蒸煮及乾燥後研磨而成的粉末。
「Dadore」的產品不會有抹茶的腥味或澀味，口感也滑順。
若使用其他品牌，建議可以先少量嘗試再製作。

洋甘菊拿鐵

由芳香的洋甘菊和牛奶結合而成的「茶拿鐵」，
加入與洋甘菊很搭的蘋果和肉桂，可增添豐富滋味。
在臨睡前享用一杯溫熱的茶飲，有助於安然入眠。

1杯（370㎖, 13oz）

- 洋甘菊茶2g（1小匙或茶包1個）
- 蘋果基底30㎖
（2大匙，參閱p.102）
- 熱開水150㎖（3/4杯）
- 牛奶100㎖（1/2杯）
- 肉桂粉少許

裝飾

- 乾燥洋甘菊少許

1. 撇除蘋果基底的固體果肉部分，將其中的液體倒入杯中，再加入洋甘菊茶和熱開水，浸泡3分鐘。
2. 將牛奶和肉桂粉放入奶泡機，做出溫熱的奶泡。
＊也可以用微波爐加熱40～50秒，或用中火在鍋中加熱30～40秒。
3. 將②倒入①的杯中，再撒上乾燥洋甘菊作為裝飾。
＊直接喝或攪拌喝皆可以。

1

3

Tip 若沒有蘋果基底，可將蘋果50g（1/4顆）用榨汁機榨汁，或用磨泥器、食物料理機磨泥後，放入棉布榨取汁液，再與20g（約1又2/3大匙）的糖混合即可使用。

產品推薦 **「Steven Smith Teamaker」No.67 洋甘菊茶**
可於網路購買。洋甘菊的基底加上南非國寶茶、玫瑰花、菩提花等花瓣，味道芳香怡人。

穀物拿鐵

穀物拿鐵的重點在於使用美味的穀粉，
加入堅果可以更有飽足感，甚至可以當作代餐，
建議溫熱飲用喔！

1杯（370㎖, 13oz）

- 穀物粉30g（1小包，或麵茶粉）
- 牛奶200㎖（1杯）
- 蜂蜜15㎖（1大匙）

裝飾

- 碎堅果少許（核桃、杏仁、榛果等）

1. 將牛奶、穀粉、蜂蜜倒入奶泡機中加熱至溫熱狀態。
   ＊也可以用微波爐加熱45～60秒，或用中火在鍋中加熱40～50秒。
2. 倒入杯中，撒上切碎的堅果作為裝飾。

1

2

產品推薦　**「Erom」穀物粉**

可於網路購買，含有60多種韓國穀物，健康又美味。
若買不到相同品牌，也可以選擇其他穀物種類多的產品。

南瓜拿鐵

南瓜用微波爐煮熟再拿來做飲料，會比想像中簡單得多。
若用秋季的南瓜，甚至不需要另加蜂蜜依然香甜可口，
以甜度更高的紅薯或紫薯替代也可以！

1杯（280mℓ, 10oz）

- 迷你南瓜110g（約1/2個，或地瓜）
- 牛奶120mℓ（3/5杯）
- 有機蔗糖6g（1/2大匙，或砂糖）
- 蜂蜜10g（1/2大匙，依南瓜甜度增減）

裝飾

- 南瓜籽少許
- 蒔蘿少許

1. 去除迷你南瓜的籽。
2. 在容器中放入南瓜和1大匙水，用微波爐加熱2分至2分30秒。
3. 徹底去除南瓜的外皮。
   * 必須徹底去除乾淨，飲料的顏色才會漂亮。
4. 在果汁機中加入南瓜、牛奶、有機蔗糖和蜂蜜混合均勻。
5. 倒入杯中，再用南瓜籽和蒔蘿裝飾。
   * 如果想要更溫熱，可以用微波爐加熱30～40秒。

3

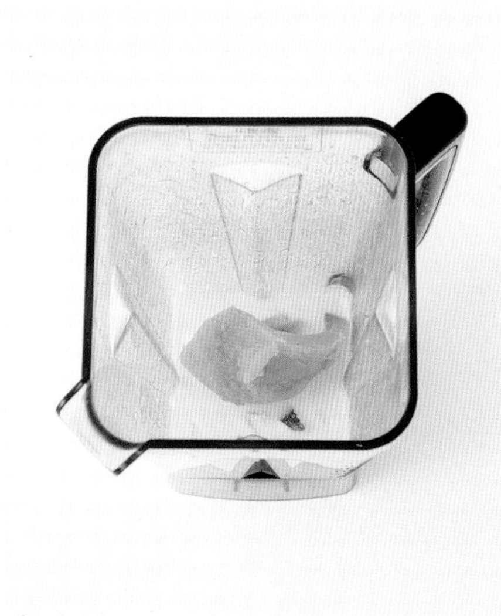
4

Tip 加入1大匙鮮奶油一起攪打，口感會更滑順。

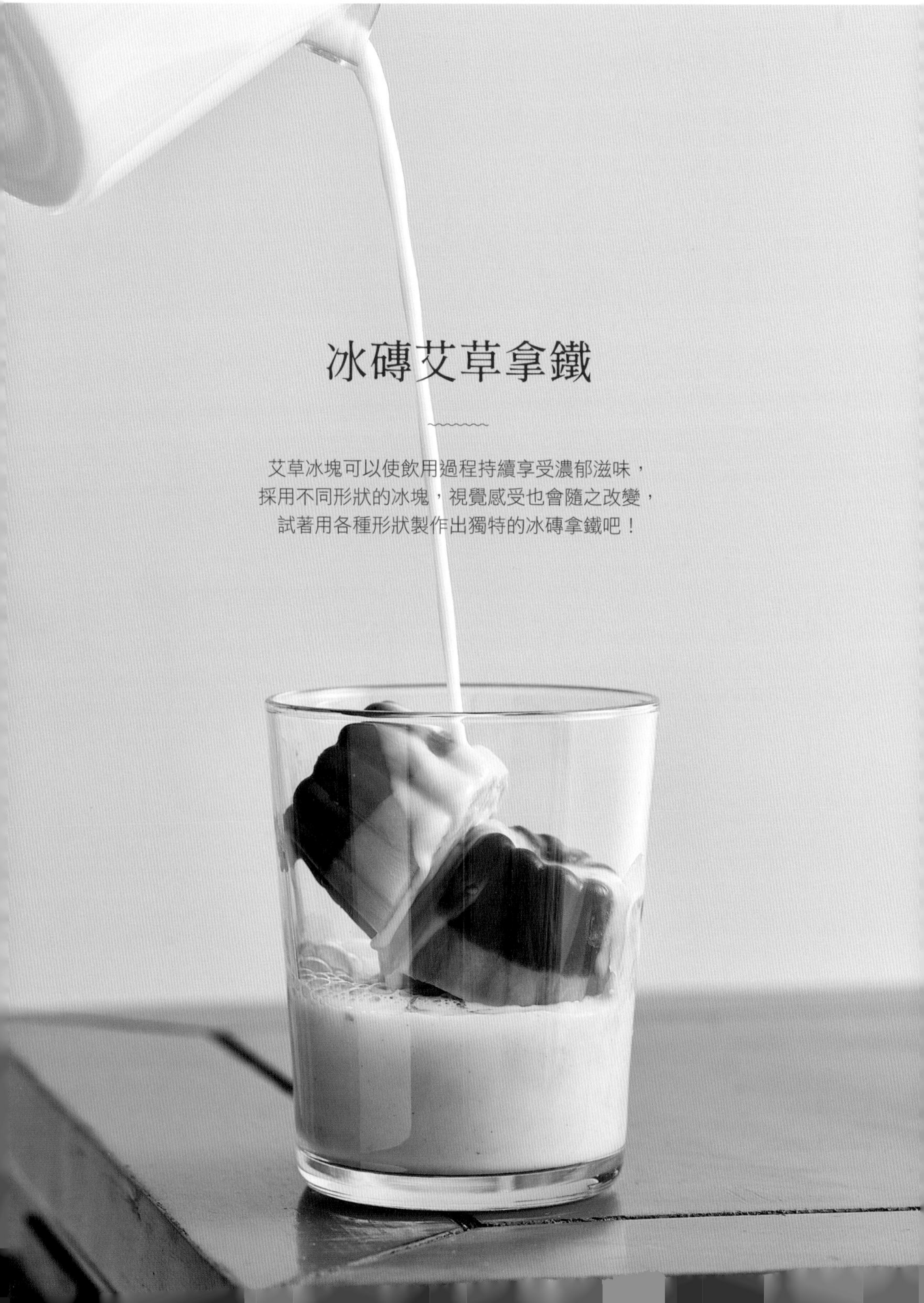

冰磚艾草拿鐵

艾草冰塊可以使飲用過程持續享受濃郁滋味，
採用不同形狀的冰塊，視覺感受也會隨之改變，
試著用各種形狀製作出獨特的冰磚拿鐵吧！

1杯（370mℓ, 13oz）
艾草冰塊冷凍8小時

- 艾草粉3g（2/3小匙）
- 砂糖8g（2/3大匙）
- 熱開水70mℓ（約1/3杯）
- 牛奶200mℓ（1杯）
- 煉乳10mℓ（2小匙）

1. 在熱開水中加入艾草粉和糖，使用茶筅或打蛋器攪拌均勻。
2. 將①倒入製冰盒，放入冰箱冷凍。
   * 若要做出圖片中的雙色冰塊，倒入1/2滿即可，待完全結凍後，用叉子輕刮3～4次並倒入牛奶，再次放回冷凍。
3. 在杯中裝入艾草冰塊。
4. 取另一個杯子混合牛奶和煉乳後，再倒入③的杯子。

1

4

Tip 若要享用熱飲，有兩種製作方式。第一，將所有材料放入奶泡機中拌勻；第二，在步驟①後，另將牛奶和煉乳拌勻，並用微波爐加熱45～60秒，或用中火在鍋中加熱40～50秒，最後再將兩者混合。

紅蔘拿鐵

這是在秋冬兩季特別推薦的飲品。
現在於便利商店都有販售紅蔘液隨身包，
所以可以簡單地製作出這款飲品。

1杯（280㎖, 10oz）

- 紅蔘液10g（隨身包1包）
- 牛奶200㎖（1杯）
- 有機蔗糖12㎖
（1大匙，或蜂蜜1又1/2大匙）

1. 將紅蔘液、牛奶、有機蔗糖倒入奶泡機中，加熱至溫熱狀態。可以留一點紅蔘液作裝飾。
* 也可以用微波爐加熱45～60秒，或用中火在鍋中加熱40～50秒。
2. 倒入杯中。
3. 滴入1～2滴紅蔘液，用竹籤輕輕地畫出圖案。

1

3

香草牛奶

這是一款使用自製香草糖漿製成的濃醇香草牛奶。
只需一杯香甜又溫潤的香草牛奶，就可以滿足你的心。

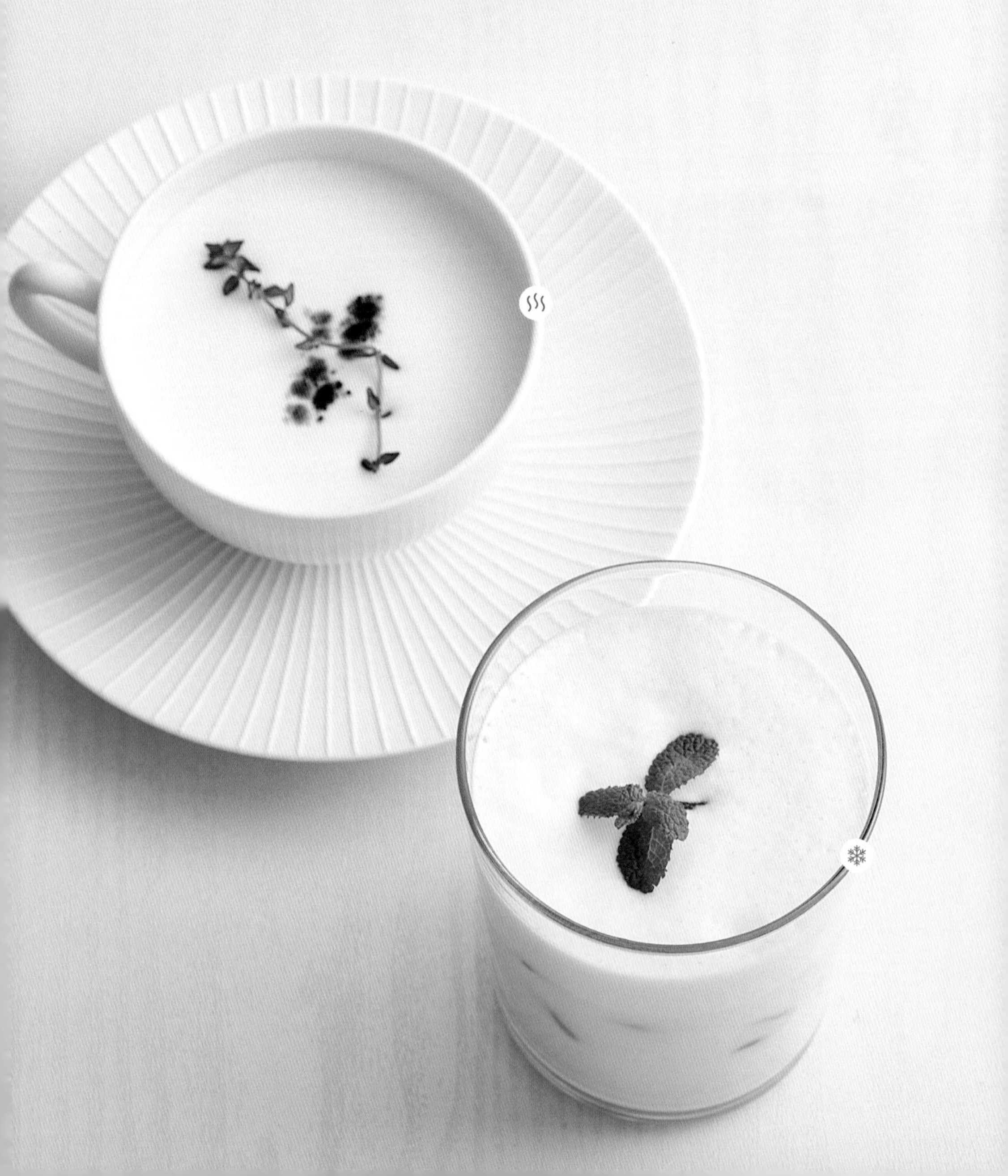

hot

1杯（280mℓ, 10oz）

- 牛奶190mℓ（約1杯）
- 鮮奶油15mℓ（1大匙）
- 香草糖漿30mℓ（2大匙，參閱p.17）
- 榛果糖漿10mℓ（2小匙，可省略）

裝飾
- 巧克力粉少許
- 香草少許
  （蘋果薄荷、迷迭香、百里香擇一）

1. 將牛奶、鮮奶油、香草糖漿、榛果糖漿倒入奶泡機中，加熱至溫熱狀態。
   * 也可以用微波爐加熱45～60秒，或用中火在鍋中加熱40～50秒。
2. 倒入杯中，以巧克力粉、香草裝飾。

1

ice

1～2杯（470mℓ, 16oz）

- 冰牛奶190mℓ（約1杯）
- 香草糖漿20mℓ
  （1又1/3大匙，參閱p.17）
- 榛果糖漿10mℓ（2小匙，可省略）
- 冰塊適量

裝飾
- 香草少許
  （蘋果薄荷、迷迭香、百里香擇一）

1. 將牛奶、香草糖漿、榛果糖漿倒入奶泡機中，混合均勻。
   * 若沒有奶泡機，可以將糖漿加入冰牛奶中，直接拌勻。
2. 在杯中裝入冰塊，倒入①的香草牛奶，再以香草裝飾。

2

鮮奶茶，薄荷鮮奶茶，伯爵鮮奶茶

在紅茶中加入牛奶是一種起源於英國的茶文化，
一般是先泡茶再與牛奶混合，但若以牛奶直接泡茶，可以品嚐到更濃郁的風味。
如果要來一杯基本鮮奶茶，就選用紅茶；
如果要來一杯特殊香味的鮮奶茶，就選擇薄荷茶或伯爵茶吧！

1杯（230mℓ, 8oz）
茶浸泡12小時

- 牛奶250mℓ（1又1/4杯）
- 有機蔗糖9g（3/4大匙，或砂糖）

鮮奶茶
- 紅茶6g（3小匙或茶包3個）

薄荷鮮奶茶
- 薄荷茶6g（3小匙或茶包3個）

伯爵鮮奶茶
- 伯爵茶6g（3小匙或茶包3個）

1. 將150mℓ牛奶用微波爐加熱20～25秒（40～45℃），再裝入密封容器。
2. 放入茶葉和有機蔗糖，攪拌1～2分鐘。
   * 攪拌能讓香味更釋放出來。
3. 倒入剩餘的100mℓ牛奶，拌勻後蓋上蓋子，移入冰箱浸泡12小時以上。
4. 過濾茶葉後，再倒入杯中。
   * 若要享用熱飲，可以用微波爐加熱45～60秒，或用中火在鍋中加熱40～50秒。

2

4

產品 **「Mariage Freres 瑪黑兄弟」Wedding Imperial 紅茶、「Steven Smith Teamaker」No.45 薄荷茶、「Twinings 唐寧茶」伯爵茶**

推薦 此款紅茶添加了焦糖和巧克力的香甜味道，十分高級；此款薄荷茶味道清新爽口且散發淡淡的巧克力香，相當迷人；此款伯爵茶則擁有良好的品質與價格，在伯爵茶中是最常被使用的產品。

印度茶

印度茶是一種印度的鮮奶茶，
其特點是在茶中添加了多種辛香料加以熬煮。
在家中可以簡便地只添加生薑，
就能品嚐到風味特殊的印度茶。

1杯（370mℓ, 13oz）

- 紅茶6g（3小匙或茶包3個）
- 牛奶180mℓ（約1杯）
- 有機蔗糖18g
（約1又1/2大匙，或砂糖）
- 水150mℓ（3/4杯）
- 生薑切片5g（1小塊）

1. 在鍋中加入水和生薑，煮沸後用小火續煮5分鐘，關火後靜置10分鐘。
＊若怕生薑味道太強烈，可以在冷水中浸泡再使用。
2. 在①的鍋中加入牛奶、紅茶、有機蔗糖，用中火慢煮，在完全煮沸前熄火。
3. 撈出紅茶和生薑，再倒入杯中。

1

2

Tip 依照個人喜好，添加肉桂、胡椒粒、八角、丁香、豆蔻等辛香料一起烹煮，更能增添異國風味。

檸檬柳橙優格飲
草莓優格奇諾

將檸檬味的冰淇淋放在柳橙優格飲上，
清新爽口的滋味瞬間倍增，也增添了品嚐的樂趣。
「優格奇諾」是將優酪乳、食材與冰塊用果汁機打碎所製成的飲料，
攪打時產生的泡沫類似卡布奇諾，而有了這個名字。

草莓優格奇諾

檸檬柳橙優格飲

檸檬柳橙優格飲

1～2杯（470㎖, 16oz）

- 檸檬味冰淇淋100g（約1勺，可省略）
- 柳橙基底100㎖（1/2杯，參閱p.101）
- 含糖優酪乳150㎖（3/4杯）
- 冰塊適量

裝飾
- 柳橙切片1片（或其他柑橘類）
- 香草少許
（蘋果薄荷、迷迭香、百里香擇一）

1. 在杯中放入柳橙基底，再裝入冰塊。
2. 放上檸檬味冰淇淋後，倒入優酪乳。
3. 用柳橙切片、香草裝飾。

2

草莓優格奇諾

1～2杯（470㎖, 16oz）

- 冷凍草莓50g（純果肉，約1/2杯）
- 砂糖60g（5大匙）
- 含糖優酪乳150㎖（3/4杯）
- 冰塊適量

裝飾
- 香草少許
（蘋果薄荷、迷迭香、百里香擇一）

1. 在果汁機中放入冷凍草莓、糖、優酪乳、冰塊，均勻打碎。
2. 倒入杯中後，再用香草裝飾。

1

Tip 檸檬柳橙優格飲如果使用新鮮柳橙，先去除3/4顆柳橙的外皮和白膜，只取果肉100g，再混合100g的糖。草莓優格奇諾如果使用草莓基底（參閱p.101），就將原食譜中的草莓和糖，替換成基底100㎖（1/2杯）。

葡萄酒藍莓優格飲
芒果優格奇諾

葡萄酒和藍莓的味道非常搭配，
如果難以找到葡萄酒味冰淇淋，也可以用草莓冰淇淋替代。
為了讓芒果優格奇諾更濃郁，
這裡使用了芒果果肉和基底，但省略基底也可以。

芒果優格奇諾

葡萄酒藍莓優格飲

葡萄酒藍莓優格飲

1～2杯（470mℓ, 16oz）

- 冷凍藍莓70g（約2/3杯）
- 葡萄酒味冰淇淋200g（約2勺，或草莓味）
- 含糖優酪乳150mℓ（3/4杯）
- 冰塊70g（約1/2杯）

1. 在果汁機中放入冷凍藍莓、優酪乳、冰塊，均勻打碎。
2. 在杯中放入葡萄酒味冰淇淋後，倒入攪打完成的①。

芒果優格奇諾

1～2杯（470mℓ, 16oz）

- 冷凍芒果150g（純果肉，約1又1/2杯）
- 芒果基底50mℓ（1/4杯，參閱p.101）
- 含糖優酪乳150mℓ（3/4杯）
- 冰塊70g（約1/2杯）

裝飾

- 芒果切片2片
- 香草少許（蘋果薄荷、迷迭香、百里香擇一）

1. 在果汁機中放入冷凍芒果、優酪乳、冰塊，均勻打碎。
2. 以杯子傾斜的狀態，倒入①後，再加入芒果基底。
3. 用芒果切片、香草裝飾。

2

1

Tip 如果省略芒果基底，就要將冷凍芒果的量增加到170g（約1又2/3杯），並增加糖30g（約2又1/2大匙）。

Chapter 3

氣泡飲・混合茶

活用水果基底製作冰涼氣泡飲和溫熱茶飲

本章節介紹的氣泡飲和混合茶會使用事先做好的水果基底。水果基底加氣泡水就成了氣泡飲，加茶則成了混合茶。建議根據季節使用當季水果，預先做好水果基底就能隨時使用。

Ade & Blending tea

製作水果基底

果汁飲品美味的祕訣在於「基底」。作法雖然類似水果加糖醃漬而成的「果露」，但為了配合飲料的製作，食材都經過處理，並調整甜度。水果基底不僅適用於氣泡飲和混合茶，還可以活用在其他飲品。大多數基底可以保存一週，為了延長保存期限，瓶子消毒也很重要（參閱p.17）。

Step ① 切水果

根據切出的形狀，飲品的外觀和口感會有所不同。可以依照食材的特性和個人喜好進行處理。

1 切成0.5公分的塊狀（草莓、芒果等較軟的食材）

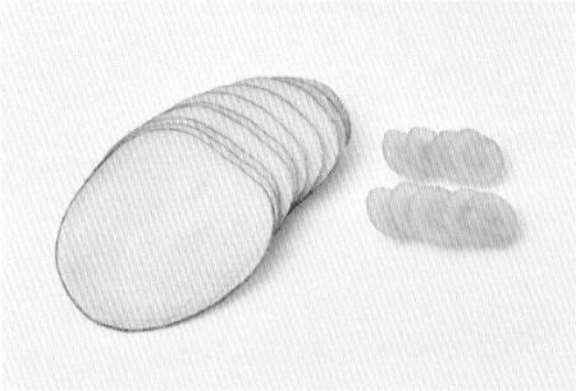

2 切成薄片（蘋果、青葡萄等較硬的食材）

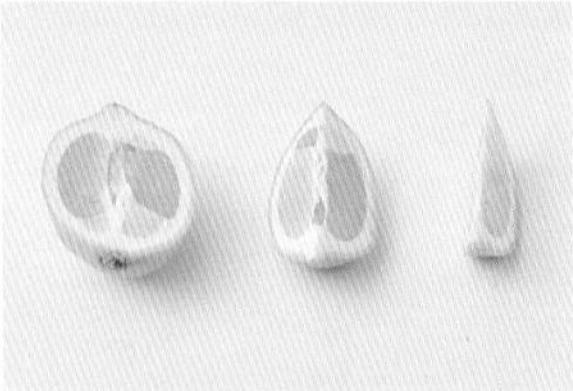

3 切成瓣狀（檸檬、萊姆等柑橘類的食材）

4 切碎（藍莓、紅棗等較小且有表皮的食材）

Step ② 融化糖

在已處理好的水果中，加入糖和其他材料後不斷攪拌，直至糖完全融化。

草莓基底・芒果基底

草莓200g（約10顆，或芒果1顆），砂糖200g（約1又1/3杯），檸檬汁10g（2小匙）

1. 將一半的草莓（或芒果）切成0.5公分塊狀，剩餘的量則用果汁機打碎或剁碎。
2. 所有材料放入已消毒的瓶子，輕輕攪拌，以防果肉碎掉。等糖完全融化後，移入冰箱熟成5天。

* 活用飲品　草莓雪酪氣泡飲（p.108）、紅色維他命氣泡飲（p.120）、草莓木槿花茶（p.126）、芒果優格奇諾（p.96）

柳橙基底・葡萄柚基底

柳橙200g（含皮，1顆，或葡萄柚1/2顆），砂糖200g（約1又1/3杯），檸檬汁10g（2小匙）

1. 柳橙去除外皮和白膜，只留下果肉。

2. 所有材料放入已消毒的瓶子，攪拌至糖完全融化後，移入冰箱熟成5天。

* 活用飲品　檸檬柳橙優格飲（p.94）、柳橙氣泡飲（p.110）、水果茶（p.126）、仕女柳橙茶（p.132）、葡萄柚氣泡飲（p.116）、伯爵葡萄柚茶（p.136）

檸檬基底

檸檬200g（含皮，2顆），砂糖260g（約1又2/3杯）

1. 檸檬只留下果肉，參考柳橙基底步驟①的圖片。
2. 所有材料放入已消毒的瓶子，攪拌至糖完全融化後，移入冰箱熟成5天。

* 活用飲品　檸檬氣泡飲（p.110）、綠色維他命氣泡飲（p.120）、紅色維他命氣泡飲（p.120）、檸檬綠茶（p.128）、檸檬生薑茶（p.200）

柚子基底

柚子200g（含皮，1～2顆），砂糖220g（約1又1/5杯）

1. 柚子切半後去籽，再把外皮切絲、果肉剁碎。

2. 所有材料放入已消毒的瓶子，攪拌至糖完全融化後，移入冰箱熟成5天。

* 活用飲品　柚子薄荷茶（p.130）

青橘基底

青橘200g（含皮，2～3顆），砂糖200g（約1又1/3杯），檸檬汁5g（1小匙）

1. 帶皮青橘150g切成瓣狀，50g去皮後用榨汁器榨汁。
2. 所有材料放入已消毒的瓶子，攪拌至糖完全融化後，移入冰箱熟成5天。

* 活用飲品 青橘氣泡飲（p.118）

蘋果基底

蘋果200g（含皮，1顆），砂糖200g（約1又1/3杯），檸檬汁15g（3小匙）

1. 帶皮蘋果100g切成薄片，100g用榨汁機榨汁。
   * 使用切片器較為方便。如果沒有榨汁機，可以用磨泥器或食物料理機磨泥後，放入棉布榨取汁液。
2. 所有材料放入已消毒的瓶子，攪拌至糖完全融化後，移入冰箱熟成5天。

* 活用飲品 洋甘菊拿鐵（p.78）、蘋果氣泡飲（p.114）、肉桂蘋果氣泡飲（p.114）、洋甘菊蘋果茶（p.134）

青葡萄基底

青葡萄200g（20顆），砂糖200g（約1又1/3杯），檸檬汁10g（2小匙）

1. 青葡萄對切後去籽。100g切成薄片，100g用果汁機打成泥。

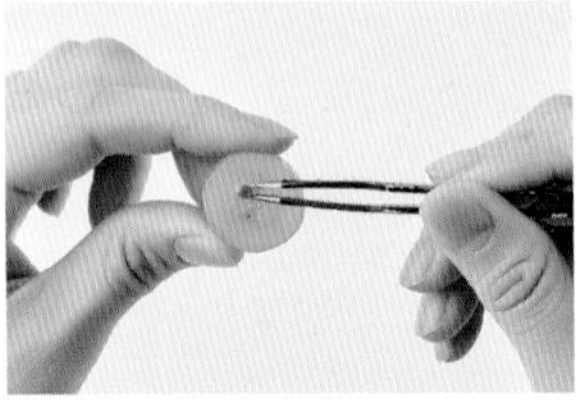

2. 所有材料放入已消毒的瓶子，攪拌至糖完全融化後，移入冰箱熟成5天。

* 活用飲品 青葡萄氣泡飲（p.118）

藍莓基底

藍莓200g（約2杯，或冷凍藍莓），砂糖200g（約1又1/3杯），檸檬汁15g（3小匙）

1. 把藍莓大致搗碎。
2. 所有材料放入已消毒的瓶子，攪拌至糖完全融化後，移入冰箱熟成5天。

* 活用飲品 藍莓拿鐵（p.74）

椰果哈密瓜基底

哈密瓜200g（純果肉，約1/10顆），飲料用椰果75g（5大匙，可省略），砂糖200g（約1又1/3杯），檸檬汁10g（2小匙）

1. 哈密瓜去皮去籽。硬果肉切成0.5公分塊狀，軟果肉用果汁機打成泥。
2. 所有材料放入已消毒的瓶子，攪拌至糖完全融化後，移入冰箱熟成5天。

* 活用飲品　椰果哈密瓜氣泡飲（p.112）

Tip 飲料用椰果是用椰子汁發酵製成，購買5～8公釐的大小即可。

蘆薈奇異果基底

奇異果200g（含皮，2顆），飲料用蘆薈果粒30g（2大匙，可省略），砂糖200g（約1又1/3杯），檸檬汁10g（2小匙）

1. 奇異果去皮後，切成0.5公分塊狀。
2. 所有材料放入已消毒的瓶子，攪拌至糖完全融化後，移入冰箱熟成5天。

* 活用飲品　蘆薈奇異果氣泡飲（p.112）、綠色維他命氣泡飲（p.120）、奇異果莓果茶（p.130）

Tip 飲料用蘆薈果粒是用蘆薈果肉加工製成，多使用於氣泡飲、優格飲、冰沙等。

百香果基底

百香果200g（含皮，3～4顆），砂糖200g（約1又1/3杯），檸檬汁10g（2小匙）

1. 百香果對切後，挖出果肉。

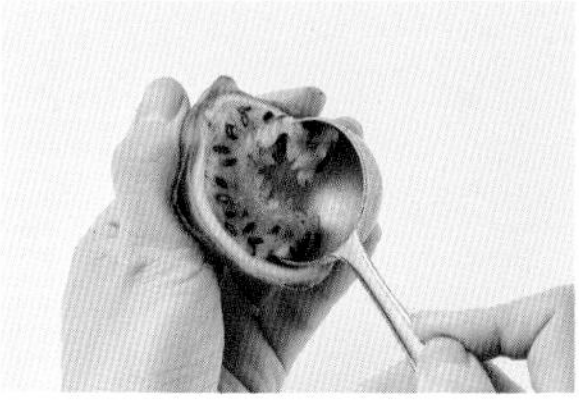

2. 所有材料放入已消毒的瓶子，攪拌至糖完全融化後，移入冰箱熟成5天。

* 活用飲品　百香果櫻桃氣泡飲（p.116）、百香果茶（p.134）、百香芒果冰沙（p.144）

Tip 百香果是熱帶水果，具有特殊酸味，營養價值也高。

五味子基底

五味子200g（約2杯），砂糖220g（約1又2/5杯）

1. 剝下五味子果實，加入糖拌勻。
2. 室溫靜置1～2天，等糖完全溶解後，放入已消毒的瓶子，移入冰箱熟成100天。
3. 過濾掉固體殘渣，只留下五味子汁液並倒入瓶中。

* 活用飲品　無酒精版五味子桑格利亞酒（p.160）、五味子甜茶（p.198）

羅勒番茄基底

小番茄200g（13～14顆），羅勒10g（1杯），砂糖120g（約4/5杯），檸檬汁10g（2小匙）

1. 小番茄放入滾水，待4～5顆番茄的皮開始剝落時，全部撈起並浸泡在冷水中剝皮。

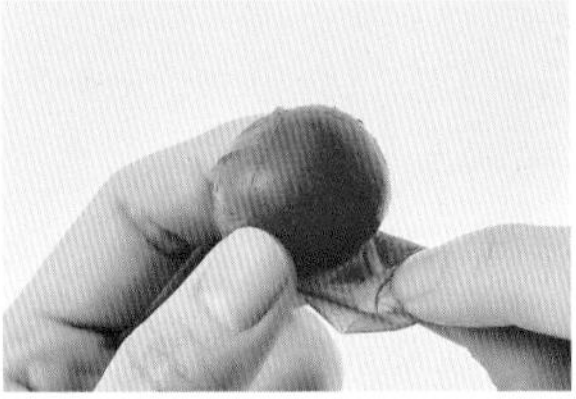

2. 羅勒切成1～1.5公分。
3. 所有材料放入已消毒的瓶子，攪拌至糖完全融化後，移入冰箱熟成5天。

* 活用飲品 羅勒番茄氣泡飲（p.122）

水蔘紅棗基底

水蔘100g（10根），紅棗40g（8顆），梨子30g（1～2片），砂糖220g（約1又2/5杯），蜂蜜10g（2小匙）

1. 水蔘主體部位切成薄片，根部剁碎。
2. 紅棗切開去籽後切碎，梨子用榨汁機榨汁。
   * 也可以用磨泥器或食物料理機磨泥後，放入棉布榨取汁液。

3. 所有材料放入已消毒的瓶子，攪拌至糖完全融化後，移入冰箱熟成10天。

* 活用飲品 水蔘紅棗氣泡飲（p.124）

梅子番茄基底

小番茄200g（13～14顆），梅子果露80～100g（5～7大匙）

1. 小番茄放入滾水，待4～5顆番茄的皮開始剝落時，全部撈起並浸泡在冷水中剝皮。
2. 所有材料放入已消毒的瓶子，攪拌均勻，移入冰箱熟成3天。

* 活用飲品 梅子番茄氣泡飲（p.122）

生薑基底

生薑200g（約8小塊），砂糖280g（約1又4/5杯）

1. 生薑用榨汁機榨汁後，移入冰箱靜置1天。
   * 也可以用磨泥器或食物料理機磨泥後，放入棉布榨取汁液。
2. 只取上方的清澈生薑汁液。
   * 分離白色沉澱物較不會影響口感。
3. 生薑汁和糖倒入已消毒的瓶子，攪拌至完全融化後，移入冰箱熟成30天。

* 活用飲品 生薑茶（p.200）、檸檬生薑茶（p.200）

氣泡水的挑選

在水果基底中加入氣泡水，就能製作出帶有暢爽口感的氣泡飲。不同品牌的氣泡水，其碳酸強度和味道都略有差異，所以根據所使用的氣泡水，氣泡飲的風味也會不一樣。以下推薦四種產品，可視情況選擇。

Perrier 沛綠雅
味道絕佳、氣泡適中。因為單價高，所以比起營業用，更適合在家中使用。

Woongjin 熊津
韓國品牌。氣泡溫和、味道十分平衡。飲料店經常使用。

Singha 勝獅
泰國品牌的氣泡水，是市售氣泡水中碳酸強度最高的產品。

ChoJung 椒井
韓國品牌中碳酸強度較高的氣泡水，深獲二、三十歲年輕世代的喜愛。

認識茶飲

與水果基底一起沖調的茶稱為「混合茶」。比起只喝單茶，混合茶更能品嚐到濃厚且多采多姿的風味。例如，綠茶加上檸檬基底、紅茶加上葡萄柚或柳橙基底、洋甘菊茶加上蘋果基底都相當適合。

茶的種類

① 依形態分類

茶葉
以茶葉原片保存的形態，最能品嚐到原始的濃醇香味。從茶樹採摘茶葉後，經過曬、炒或蒸的過程，使其發酵而成。

茶包
為了便利而將茶葉裝入袋中，不須特別工具，隨時隨地都能品嚐茶飲。茶葉被切成細小碎片，所以具有比原片更快速沖泡開來的優點。

茶粉
茶葉研磨成粉末，最具代表性的就是綠茶製成的「抹茶粉」。由於已是粉末形態，可以溶解在牛奶等液體，也適合添加在食物上。

② 依材料與加工方法分類

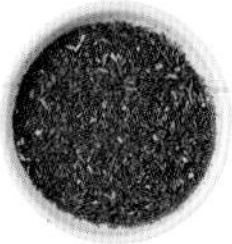

綠茶
採摘後立即以炒或蒸等方式加熱，以抑制發酵而製成的茶，呈綠色。

紅茶
經發酵而成的茶，沖泡時呈紅色。東方稱為「紅茶」，西方則稱為「black tea」。

風味茶
在茶葉中以花朵或水果等增添風味。19世紀英國的格雷伯爵在茶葉中添加佛手柑精油，而成為「伯爵茶」，是極具代表性的一款風味茶。

草本茶
不使用茶葉，而是利用有香味的植物，即草本植物製成的茶。薰衣草、木槿花、薄荷、洋甘菊等皆屬於這類。

沖泡茶葉的水溫與水量

綠茶75～85℃
240～400㎖為標準
沖泡少於3分鐘

紅茶89～97℃
240～400㎖為標準
沖泡少於5分鐘

草本茶97～100℃
240～400㎖為標準
沖泡少於5分鐘

沖泡茶葉的方法

方法1 **裝入茶包**
在茶袋或湯料袋中放入茶葉，再以熱水沖泡。
茶袋或湯料袋可以於超市或網路購入。

方法2 **使用茶壺**
將茶葉放入茶壺，再倒入熱水沖泡。

草莓雪酪氣泡飲

以雪酪增添特別滋味的氣泡飲，
不僅造型美觀，在飲用過程中味道也都不會變淡。
如果覺得製作太繁瑣，省略雪酪也可以。

1～2杯（470mℓ, 16oz）

- 草莓基底60mℓ（4大匙，參閱p.101）
- 氣泡水190mℓ（約1杯）
- 冰塊適量

草莓雪酪
- 草莓基底40mℓ
  （2又2/3大匙，參閱p.101）
- 開水100mℓ（1/2杯）

裝飾
- 香草少許
  （蘋果薄荷、迷迭香、百里香擇一）
- 草莓切片3～4片
  （或紅醋栗、紅石榴等）

1. 在容器中放入雪酪材料拌勻後，移入冰箱冷凍。待4～5小時後，約結凍50%時，再用叉子刮表面。
   * 用叉子刮，可以弄出柔軟雪酪。
2. 杯中裝入草莓基底和一半的冰塊。
3. 放上①的草莓雪酪一勺，再放上香草裝飾。
4. 加入剩餘冰塊，倒入氣泡水。
5. 放上草莓切片裝飾。

1

3

Tip 若省略草莓雪酪，草莓基底的份量增至100mℓ（1/2杯）。

柳橙氣泡飲
檸檬氣泡飲

一提到「氣泡飲」，
最先想到的就是最具代表性的這兩種飲料。
黃色系飲品若加上紅色裝飾，就會顯得更優雅美觀。

柳橙氣泡飲

1～2杯（470mℓ, 16oz）

・柳橙基底100mℓ（1/2杯，參閱p.101）
・氣泡水190mℓ（約1杯）
・冰塊適量

裝飾
・柳橙切片1片（或其他柑橘類）
・香草少許
（蘋果薄荷、迷迭香、百里香擇一）
・紅醋栗少許（或紅石榴）

1. 杯中裝入柳橙基底和冰塊。
2. 依圖示放入柳橙切片和香草。
3. 倒入氣泡水，再以紅醋栗裝飾。

2

檸檬氣泡飲

1～2杯（470mℓ, 16oz）

・檸檬基底90mℓ（6大匙，參閱p.101）
・氣泡水190mℓ（約1杯）
・冰塊適量

裝飾
・檸檬1小塊
・萊姆1小塊
・香草少許
（蘋果薄荷、迷迭香、百里香擇一）

1. 杯中裝入檸檬基底和冰塊。
2. 將檸檬和萊姆放在冰塊之間。
3. 倒入氣泡水，再以香草裝飾。

2

蘆薈奇異果氣泡飲
椰果哈密瓜氣泡飲

奇異果和哈密瓜的香味不強，
若單獨製作飲料可能會略顯單調。
在兩者基底中可以分別加入蘆薈和椰果，
增添口感會更特別和美味。

椰果哈密瓜
氣泡飲

蘆薈奇異果
氣泡飲

蘆薈奇異果氣泡飲

1～2杯（470㎖, 16oz）

- 蘆薈奇異果基底100㎖（1/2杯，參閱p.103）
- 氣泡水190㎖（約1杯）
- 冰塊適量

裝飾

- 香草少許（蘋果薄荷、迷迭香、百里香擇一）

1. 杯中裝入冰塊。
2. 放入蘆薈奇異果基底。
3. 倒入氣泡水，再以草本植物裝飾。

2

椰果哈密瓜氣泡飲

1～2杯（470㎖, 16oz）

- 椰果哈密瓜基底100㎖（1/2杯，參閱p.103）
- 氣泡水190㎖（約1杯）
- 冰塊適量

裝飾

- 哈密瓜1塊
- 香草少許（蘋果薄荷、迷迭香、百里香擇一）

1. 杯中裝入冰塊。
2. 放入椰果哈密瓜基底。
3. 倒入氣泡水，以哈密瓜、香草裝飾。

2

蘋果氣泡飲
肉桂蘋果氣泡飲

蘋果基底以蘋果切片製成，
這兩種飲品充分發揮了味道和視覺上的優點，
杯中彎曲的蘋果形狀相當漂亮，也可取出食用。

蘋果氣泡飲

肉桂蘋果氣泡飲

蘋果氣泡飲

1～2杯（470mℓ, 16oz）

- 蘋果基底100mℓ（1/2杯，參閱p.102）
- 氣泡水190mℓ（約1杯）
- 冰塊適量

裝飾
- 紅醋栗少許（或紅石榴）

1. 將蘋果基底瀝出液體部分（100mℓ），倒入杯中後，裝入冰塊。
2. 將基底固體部分（蘋果片4～5片）放進冰塊之間。
3. 倒入氣泡水，再以紅醋栗裝飾。

2

肉桂蘋果氣泡飲

1～2杯（470mℓ, 16oz）

- 蘋果基底90mℓ（6大匙，參閱p.102）
- 肉桂糖漿10mℓ（2小匙，參閱p.18）
- 氣泡水190mℓ（約1杯）
- 冰塊適量

裝飾
- 肉桂棒1根
- 紅醋栗少許（或紅石榴）
- 香草少許
（蘋果薄荷、迷迭香、百里香擇一）

1. 將蘋果基底瀝出液體部分（90mℓ），倒入杯中後，加入肉桂糖漿。
2. 裝入冰塊後，將基底固體部分（蘋果片4～5片）放進冰塊之間。
3. 倒入氣泡水，再以肉桂棒、紅醋栗、香草裝飾。

1

葡萄柚氣泡飲
百香果櫻桃氣泡飲

氣泡飲的外觀和美味一樣重要！
使用與飲料顏色對比的材料來做裝飾，
可口的視覺感受將更上一層樓。

百香果櫻桃氣泡飲

葡萄柚氣泡飲

葡萄柚氣泡飲

1～2杯（470㎖, 16oz）

- 葡萄柚基底100㎖
  （1/2杯，參閱p.101）
- 氣泡水190㎖（約1杯）
- 冰塊適量

裝飾

- 葡萄柚切片1片（或其他柑橘類）
- 藍莓2～3顆
- 香草少許
  （蘋果薄荷、迷迭香、百里香擇一）

1. 杯中裝入冰塊，再依圖示放入葡萄柚切片。
2. 放入葡萄柚基底。
3. 倒入氣泡水，以藍莓、香草裝飾。

2

百香果櫻桃氣泡飲

1～2杯（470㎖, 16oz）

- 百香果基底90㎖
  （6大匙，參閱p.103）
- 氣泡水190㎖（約1杯）
- 櫻桃2～3顆（或藍莓）
- 冰塊適量

1. 杯中裝入冰塊，再將櫻桃擺放在冰塊之間。
2. 放入百香果基底。
3. 倒入氣泡水。

1

青葡萄氣泡飲
青橘氣泡飲

帶來清涼舒暢感受的兩種氣泡飲。
青葡萄和青橘是夏季水果，
所以相當適合作為夏季限定飲品進行販售。

青葡萄氣泡飲

青橘氣泡飲

青葡萄氣泡飲

1～2杯（470mℓ, 16oz）

- 青葡萄基底100mℓ（1/2杯，參閱p.102）
- 氣泡水190mℓ（約1杯）
- 冰塊適量

裝飾
- 青葡萄1～2顆
- 香草少許（蘋果薄荷、迷迭香、百里香擇一）

1. 杯中裝入冰塊。
2. 放入青葡萄基底。
3. 倒入氣泡水，以青葡萄、香草裝飾。

2

青橘氣泡飲

1～2杯（470mℓ, 16oz）

- 青橘基底100mℓ（1/2杯，參閱p.102）
- 氣泡水190mℓ（約1杯）
- 冰塊適量

裝飾
- 青橘1瓣（或萊姆）
- 香草少許（蘋果薄荷、迷迭香、百里香擇一）

1. 將青橘基底瀝出液體部分（100mℓ），倒入杯中後裝入冰塊。
2. 將裝飾用的青橘瓣和基底固體部分（青橘瓣2～3瓣）放進冰塊之間。
3. 倒入氣泡水，再以香草裝飾。

2

綠色維他命氣泡飲
紅色維他命氣泡飲

喝一杯就能補充維他命！
在檸檬基底分別加入奇異果基底和草莓基底，
就能做出兼具美觀和營養的維他命氣泡飲。

綠色維他命氣泡飲

紅色維他命氣泡飲

綠色維他命氣泡飲

1～2杯（470mℓ, 16oz）

- 蘆薈奇異果基底80mℓ
（5又1/3大匙，參閱p.103）
- 檸檬基底20mℓ
（1又1/3大匙，參閱p.101）
- 氣泡水190mℓ（約1杯）
- 冰塊適量

裝飾
- 萊姆切片1片（或奇異果）
- 青葡萄1～2顆
- 香草少許
（蘋果薄荷、迷迭香、百里香擇一）

2

1. 杯中裝入蘆薈奇異果基底、檸檬基底。
2. 裝入冰塊，將萊姆切片放在冰塊之間。
3. 倒入氣泡水，再放入青葡萄、香草。

紅色維他命氣泡飲

1～2杯（470mℓ, 16oz）

- 草莓基底80mℓ
（5又1/3大匙，參閱p.101）
- 檸檬基底20mℓ
（1又1/3大匙，參閱p.101）
- 氣泡水190mℓ（約1杯）
- 冰塊適量

裝飾
- 草莓切片3片　・藍莓2～3顆
- 紅醋栗少許（或紅石榴）
- 香草少許
（蘋果薄荷、迷迭香、百里香擇一）

1

1. 杯中裝入草莓基底、檸檬基底後裝入冰塊，將草莓切片、藍莓放在冰塊之間。
2. 倒入氣泡水，再以紅醋栗、香草裝飾。

羅勒番茄氣泡飲
梅子番茄氣泡飲

羅勒與番茄是絕佳組合，
梅子與番茄的搭配則帶來升級版的清爽滋味，
其中固體配料的份量可以依喜好調整。

梅子番茄氣泡飲

羅勒番茄氣泡飲

羅勒番茄氣泡飲

1～2杯（470mℓ, 16oz）

- 羅勒番茄基底100mℓ
  （1/2杯，參閱p.104）
- 氣泡水190mℓ（約1杯）
- 冰塊適量

裝飾

- 羅勒少許

1. 將羅勒番茄基底瀝出液體部分（100mℓ），倒入杯中後裝入冰塊。
2. 放入基底中的固體部分（番茄和羅勒4～6個）。
3. 倒入氣泡水，再以羅勒裝飾。

2

梅子番茄氣泡飲

1～2杯（470mℓ, 16oz）

- 梅子番茄基底100mℓ
  （1/2杯，參閱p.104）
- 氣泡水190mℓ（約1杯）
- 冰塊適量

1. 將梅子番茄基底瀝出液體部分（100mℓ），倒入杯中後裝入冰塊。
2. 放入基底中的固體部分（番茄和梅子4～6個）。
3. 倒入氣泡水。

2

水蔘紅棗氣泡飲

從氣泡水中緩緩散開的水蔘香氣，
充滿著健康的感覺。
用熱水加入水蔘紅棗基底泡成茶，也是絕佳選擇。

1～2杯（470mℓ, 16oz）

- 水蔘紅棗基底100mℓ
  （1/2杯，參閱p.104）
- 氣泡水190mℓ（約1杯）
- 冰塊適量

1. 杯中裝入冰塊。
2. 放入水蔘紅棗基底。
3. 倒入氣泡水。

2

3

Tip 若想喝熱飲，可以改用熱水加入水蔘紅棗基底，泡成水蔘紅棗茶。

水果茶
草莓木槿花茶

能一次品嚐到豐富果香和花香的清爽飲品。
相較做成冰飲，這兩種茶飲都更推薦溫熱地飲用。

水果茶

草莓木槿花茶

水果茶

1杯（370㎖, 13oz）

- 柳橙基底70㎖（4又2/3大匙，參閱p.101）
- 水果茶2g（1小匙或茶包1個）
- 熱開水250㎖（1又1/4杯）

裝飾

- 柳橙切片1片

1

1. 杯中放入柳橙基底。
   ＊柳橙基底可以先微波加熱20秒。
2. 水果茶放入①的杯中。
3. 倒入熱開水，再以柳橙切片裝飾。

草莓木槿花茶

1杯（370㎖, 13oz）

- 草莓基底60㎖（4大匙，參閱p.101）
- 木槿花茶4g（2小匙或茶包2個）
- 熱開水250㎖（1又1/4杯）

裝飾

- 草莓切片3片

2

1. 杯中放入草莓基底。
   ＊草莓基底可以先微波加熱20秒。
2. 木槿花茶放入①的杯中。
3. 倒入熱開水，再以草莓切片裝飾。

Tip 在草莓木槿花茶中，添加「Rishi」的Tropical Crimson茶葉約1g，茶味會更香。

產品推薦 **「Twinings唐寧茶」百香果芒果柳橙茶、「Rishi」木槿花莓果茶**
此款水果茶含有芒果、柳橙等水果，更增添異國香甜風味。此款木槿花茶有添加接骨木莓、藍莓等莓果類，氣味芳香宜人。

檸檬綠茶

酸酸甜甜的檸檬基底與清新微苦的綠茶十分搭配。
溫熱飲用很不錯，夏天做成冷飲來喝，立刻解渴消暑。

hot

1杯（370mℓ, 13oz）

・檸檬基底60mℓ（4大匙，參閱p.101）
・綠茶2g（1小匙或茶包1個）
・熱開水250mℓ（1又1/4杯）

裝飾
・檸檬切片1片

2

1. 杯中放入檸檬基底。
   * 檸檬基底可以先微波加熱20秒。
2. 綠茶放入①的杯中。
3. 倒入熱開水，再以檸檬切片裝飾。

ice

1杯（370mℓ, 13oz）

・檸檬基底60mℓ（4大匙，參閱p.101）
・綠茶2g（1小匙或茶包1個）
・熱開水150mℓ（3/4杯）
・冰塊適量

1

裝飾
・檸檬切片1片
・香草少許
（蘋果薄荷、迷迭香、百里香擇一）

3

1. 在量杯中放入綠茶、熱開水，浸泡3分鐘。
2. 杯中放入檸檬基底、檸檬切片。
3. 放入①的茶包，再放入冰塊。
4. 倒入①的綠茶，再以香草裝飾。

產品推薦 **「伊藤園」綠茶**
可於網路購買。沖泡時會呈現漂亮的淡綠色，而且在冷水中也能溶解，使用相當方便。

奇異果莓果茶
柚子薄荷茶

酸甜的奇異果莓果茶需混合均勻再飲用，
才能品嚐到最好的味道。
柚子薄荷茶則是浸泡越久、風味越好，
所以建議慢慢地悠閒品嚐。

奇異果莓果茶

1杯（370㎖, 13oz）

- 蘆薈奇異果基底50㎖
  （1/4杯，參閱p.103）
- 木槿花茶4g（2小匙或茶包2個）
- 熱開水70㎖（4又2/3大匙）
- 冰開水80㎖（5又1/3大匙）
- 冰塊適量

1. 在量杯中放入木槿花茶、熱開水，浸泡3分鐘後加入冰開水。
2. 在杯中放入蘆薈奇異果基底後，再放入①的茶包。
3. 放入冰塊，倒入①的茶。

3

柚子薄荷茶

1杯（370㎖, 13oz）

- 柚子基底60㎖
  （4大匙，參閱p.101，或柳橙基底）
- 薄荷茶2g（1小匙或茶包1個）
- 熱開水70㎖（4又2/3大匙）
- 冰開水80㎖（5又1/3大匙）
- 冰塊適量

1. 在量杯中放入薄荷茶、熱開水，浸泡3分鐘後加入冰開水。
2. 在杯中放入柚子基底後，再放入①的茶包。
3. 放入冰塊，倒入①的茶。

1

〰〰〰〰〰

產品 **「Rishi」木槿花莓果茶、**
「Steven Smith Teamaker」No.45 薄荷茶

推薦 此款木槿花茶有添加接骨木莓、藍莓等莓果類，氣味芳香宜人。此款薄荷茶清新爽口，而且散發淡淡的巧克力香，相當迷人。

仕女柳橙茶

有添加柑橘類香氣的紅茶，
和柳橙是絕配，
製作成熱飲和冷飲都相當推薦。

hot

1杯（370mℓ, 13oz）

- 柳橙基底60mℓ（4大匙，參閱p.101）
- 柳橙香味的紅茶2g（1小匙或茶包1個）
- 熱開水250mℓ（1又1/4杯）

裝飾
- 柳橙切片1片

1. 杯中放入柳橙基底。
   * 柳橙基底可以先微波加熱20秒
2. 紅茶放入①的杯中。
3. 倒入熱開水，再以柳橙切片裝飾。

2

ice

1杯（370mℓ, 13oz）

- 柳橙基底70mℓ
  （4又1/2大匙，參閱p.101）
- 柳橙香味的紅茶2g（1小匙或茶包1個）
- 熱開水70mℓ（4又2/3大匙）
- 冰開水80mℓ（5又1/3大匙）
- 冰塊適量

裝飾
- 柳橙2小塊
- 香草少許
  （蘋果薄荷、迷迭香、百里香擇一）

1. 在量杯中放入紅茶、熱開水，浸泡3分鐘後加入冰開水。
2. 杯中放入柳橙基底、柳橙1小塊。
3. 放入冰塊、①的茶包後，倒入①的茶，再以柳橙、香草裝飾。

3

產品推薦 **「Twinings唐寧茶」仕女伯爵茶**
可於網路購買。添加香橙和檸檬皮的紅茶，和柳橙基底搭配使用，香氣倍增。

百香果茶
洋甘菊蘋果茶

用美味的茶飲填滿一整天的心情。
下午想要活力，可以嘗試清新爽口的百香果茶；
晚上想要沉澱心情，就來一杯洋甘菊蘋果茶吧！

百香果茶

洋甘菊蘋果茶

百香果茶

1杯（370mℓ, 13oz）

- 百香果基底60mℓ（4大匙，參閱p.103）
- 柳橙香味的紅茶2g（1小匙或茶包1個）
- 熱開水250mℓ（1又1/4杯）

裝飾
- 檸檬切片1片
- 紅醋栗少許（或紅石榴）

1. 杯中放入百香果基底。
  * 百香果基底可以先微波加熱20秒。
2. 紅茶放入①的杯中。
3. 倒入熱開水，再以檸檬切片、紅醋栗裝飾。

1

洋甘菊蘋果茶

1杯（370mℓ, 13oz）

- 蘋果基底60mℓ（4大匙，參閱p.102）
- 洋甘菊茶2g（1小匙或茶包1個）
- 熱開水250mℓ（1又1/4杯）

裝飾
- 蘋果1小塊

1. 將蘋果基底瀝出液體部分（60mℓ），倒入杯中。
  * 蘋果基底可以先微波加熱20秒。
2. 洋甘菊茶放入①的杯中。
3. 倒入熱開水，再以蘋果塊裝飾。

2

產品 「Twinings唐寧茶」仕女伯爵茶、「Steven Smith Teamaker」No.67 洋甘菊茶

推薦 此款伯爵茶是添加香橙和檸檬皮的紅茶，清新爽口。此款洋甘菊茶的基底混合南非國寶茶和各種花瓣，芳香怡人。

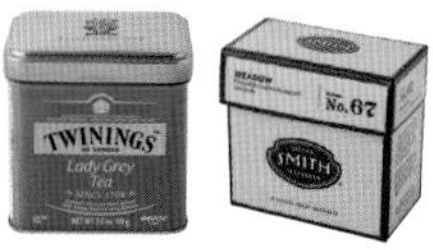

伯爵葡萄柚茶

正如綠茶和檸檬的搭配，
紅茶和葡萄柚也是相當經典的組合，
無論冰飲或熱飲都相當好喝！

hot

1杯（370mℓ, 13oz）

- 葡萄柚基底75mℓ（5大匙，參閱p.101）
- 蜂蜜20mℓ（1又1/3大匙）
- 伯爵茶2g（1小匙或茶包1個）
- 熱開水250mℓ（1又1/4杯）

裝飾

- 葡萄柚切片1片

1. 杯中放入葡萄柚基底、蜂蜜。
   * 葡萄柚基底可以預先微波加熱20秒。
2. 伯爵茶放入①的杯中。
3. 倒入熱開水，再以葡萄柚切片裝飾。

2

ice

1杯（370mℓ, 13oz）

- 葡萄柚基底60mℓ（4大匙，參閱p.101）
- 蜂蜜10mℓ（2小匙）
- 伯爵茶2g（1小匙或茶包1個）
- 熱開水70mℓ（約1/3杯）
- 冰開水80mℓ（2/5杯）
- 冰塊適量

裝飾

- 葡萄柚切片1片
- 香草少許
  （蘋果薄荷、迷迭香、百里香擇一）

3

1. 在量杯中放入伯爵茶、熱開水，浸泡3分鐘後加入冰開水。
2. 杯中放入葡萄柚基底、蜂蜜、葡萄柚切片。
3. 放入①的茶包、冰塊後，倒入①的茶，再以香草裝飾。

產品推薦 **「Twinings唐寧茶」伯爵茶**
可於網路購買。此款品牌的伯爵茶，無論用在熱茶、冰茶、鮮奶茶、烘焙等方面都相當適合。

奶蓋紅茶

介紹一款使用鮮奶油做搭配的特別茶飲。
紅茶與起士奶蓋碰撞在一起，
絕對會對這充滿魅力的滋味上癮，
建議不要攪拌，直接就口飲用。

1杯（370mℓ, 13oz）

- 紅茶2g（1小匙或茶包1個）
- 熱開水70mℓ（4又2/3大匙）
- 冰開水80mℓ（5又1/3大匙）
- 冰塊適量

起士奶蓋

- 鮮奶油100mℓ（1/2杯）
- 奶油乳酪7g（1小匙）
- 牛奶30mℓ（2大匙）
- 煉乳5mℓ（1小匙）
- 鹽少許

1. 在碗中放入起士奶蓋材料，使用手持式攪拌機或打蛋器，打發至流動狀態。
2. 在量杯中放入紅茶、熱開水，浸泡3分鐘後加入冰開水。
3. 在杯中放入②的茶包、冰塊後，倒入②的茶。
4. 放上①的起士奶蓋60g。
   * 可以依個人喜好增減奶蓋。剩餘的奶蓋密封後可冷藏保存2天。

1

2

產品推薦 「Mariage Freres 瑪黑兄弟」Wedding Imperial 紅茶
可於網路購買。此款紅茶添加了焦糖和巧克力的香甜味道，十分高級。

Chapter 4

冰沙・果汁

用新鮮水果製成的冰沙和果汁

果汁是利用榨汁機提取純汁、沒有果肉，所以較為清澈，但像是草莓、西瓜、水蜜桃這類較難榨出純汁的水果，通常會打成冰沙飲用。一般會使用水果和冰塊攪打成冰沙，但在飲用過程中風味會被稀釋，所以不建議這樣製作。本書把水果切塊後加以冷凍，讓冷凍水果代替冰塊，這樣便能品嚐到新鮮又濃郁的冰沙。

Smoothie & Juice

草莓冰沙
草莓香蕉冰沙

飲料店每年都會推出草莓系列的飲品，
如果用煉乳取代砂糖或糖漿，味道就會更美味。
為了在視覺上有漸層感，兩種水果要分開攪打，
但若想要省事，將所有材料打在一起也可以。

草莓冰沙

草莓香蕉冰沙

草莓冰沙

1杯（370mℓ, 13oz）

· 冷凍草莓180g（約2杯）
· 牛奶100mℓ（1/2杯）
· 煉乳50mℓ（3又1/3大匙，或蜂蜜）

裝飾
· 莓果類少許（草莓、覆盆子、藍莓）
· 香草少許
（蘋果薄荷、迷迭香、百里香擇一）

1. 在果汁機中放入冷凍草莓、牛奶、煉乳後，攪打均勻。
2. 倒入杯中後，用莓果、香草裝飾。

1

Tip 加入鮮奶油10～20mℓ（2～4小匙）一起攪打，口感會更柔順。

草莓香蕉冰沙

1杯（370mℓ, 13oz）

· 冷凍草莓90g（約1杯）
· 冷凍香蕉90g（純果肉，約1杯）
· 牛奶100mℓ（1/2杯）
· 煉乳50mℓ（3又1/3大匙，或蜂蜜）

裝飾
· 莓果類少許（草莓、覆盆子、藍莓）
· 香草少許
（蘋果薄荷、迷迭香、百里香擇一）

1. 在果汁機中放入冷凍草莓、牛奶50mℓ、煉乳，攪打後倒入杯中。
* 也可以把所有材料一起攪打。
2. 在果汁機中放入冷凍香蕉、牛奶50mℓ，攪打後倒入①的杯中。
3. 用莓果、香草裝飾。

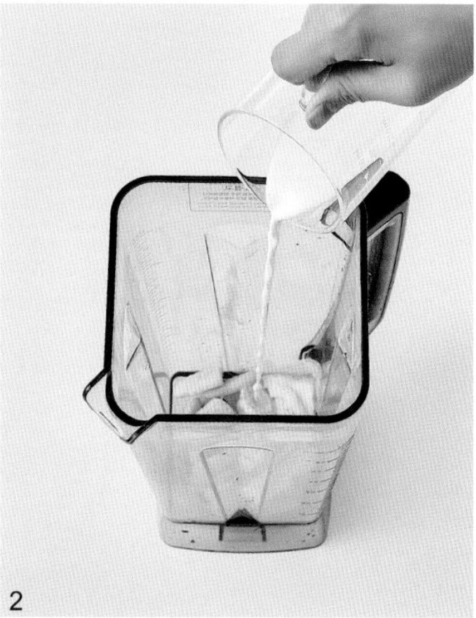
2

百香芒果冰沙
芭樂芒果冰沙

冰沙界的暢銷飲品！
百香芒果冰沙清新酸甜，喝了讓人精神為之一振；
芭樂芒果冰沙芳香怡人，喝了讓人沁涼一夏。

百香芒果冰沙

1杯（370mℓ, 13oz）

· 冷凍芒果180g（純果肉，約2杯）
· 百香果基底30mℓ（2大匙，參閱p.103，或柳橙基底、糖1～2大匙）
· 牛奶100mℓ（1/2杯）
· 煉乳30mℓ（2大匙）

1. 在果汁機中放入冷凍芒果、牛奶、煉乳後，攪打均勻。
2. 把①的1/3份量倒入杯中。
3. 將百香果基底放入杯中，再倒入①的剩餘份量。

3

芭樂芒果冰沙

1杯（370mℓ, 13oz）

· 冷凍芒果150g（純果肉，約1又1/2杯）
· 芭樂汁200mℓ（1杯，或鳳梨汁、蘋果汁）

1. 在果汁機中放入冷凍芒果、芭樂汁後，攪打均勻。
2. 倒入杯中。
  * 可以用芒果、香草裝飾。

1

椰汁莓果冰沙
藍莓冰沙

椰汁莓果冰沙添加了椰子水，充滿異國風情的滋味；
藍莓冰沙則不另外加糖，充分利用水果甜味。
注意藍莓果皮要充分打碎喔！

椰汁莓果冰沙

藍莓冰沙

椰汁莓果冰沙

1杯（370mℓ, 13oz）

· 冷凍草莓60g（約2/3杯）
· 冷凍覆盆子80g
（約1杯，或草莓、藍莓）
· 冷凍香蕉120g
（純果肉，約1又1/5杯）
· 椰子水100mℓ（1/2杯）

1. 在果汁機中放入冷凍草莓、冷凍覆盆子、冷凍香蕉、椰子水後，充分攪打均勻。
2. 倒入杯中。

1

藍莓冰沙

1杯（370mℓ, 13oz）

· 冷凍藍莓180g（約2杯）
· 牛奶100mℓ（1/2杯）
· 煉乳50mℓ（3又1/3大匙，或蜂蜜）

裝飾
· 藍莓少許

1. 在果汁機中放入冷凍藍莓、牛奶、煉乳後，充分攪打均勻。
2. 倒入杯中後，用藍莓裝飾。

1

酪梨冰沙
熱帶水果冰沙

酪梨冰沙加入一點檸檬汁，
味道會更平衡，怎麼喝都不膩口。
熱帶水果冰沙是用熱帶水果搭配椰子水，
多種水果一起吃，清涼無負擔。

酪梨冰沙

1杯（370mℓ, 13oz）

- 冷凍酪梨140g（純果肉，約1又1/2杯）
- 牛奶150mℓ（3/4杯）
- 煉乳30mℓ（2大匙，或蜂蜜）
- 檸檬汁10mℓ（2小匙）

裝飾

- 覆盆子少許（或草莓、櫻桃）
- 香草少許（蘋果薄荷、迷迭香、百里香擇一）

1. 在果汁機中放入冷凍酪梨、牛奶、煉乳、檸檬汁後，充分攪打均勻。
2. 倒入杯中後，用覆盆子、香草裝飾。

1

熱帶水果冰沙

1杯（370mℓ, 13oz）

- 冷凍芒果140g（純果肉，約1又1/2杯）
- 冷凍鳳梨100g（純果肉，約1杯）
- 冷凍奇異果30g（純果肉，約1/3杯）
- 椰子水80mℓ（2/5杯）

裝飾

- 柳橙切片1片（或芒果、鳳梨）
- 香草少許（蘋果薄荷、迷迭香、百里香擇一）

1. 在果汁機中放入冷凍芒果、冷凍鳳梨、冷凍奇異果、椰子水後，充分攪打均勻。
2. 倒入杯中後用柳橙切片、香草裝飾。

1

柳橙葡萄柚果汁
紅蘿蔔番茄果汁

柳橙汁雖然好喝，但加入微苦的葡萄柚後，
味道會更豐富，色澤也會更美。
為了讓紅蘿蔔和番茄的營養更容易被吸收，
可以煮過再使用。

柳橙葡萄柚果汁

1～2杯（470mℓ, 16oz）

- 柳橙400g（含皮，2顆）
- 葡萄柚100g
  （含皮，1/4顆，或其他柑橘類）
- 蜂蜜30mℓ（2大匙）

1. 柳橙剝皮後用榨汁器榨取汁液，再倒入杯中。
2. 葡萄柚剝皮後用榨汁器榨取汁液，再加入蜂蜜拌匀。
3. 將②的葡萄柚汁，倒入①裝柳橙汁的杯中。
   * 也可以加冰塊。

2

紅蘿蔔番茄果汁

1～2杯（470mℓ, 16oz）

- 紅蘿蔔100g（1/2根）
- 番茄400g（2顆）
- 楓糖漿30mℓ（2大匙，或蜂蜜）

1. 將紅蘿蔔和番茄用微波爐加熱2分至2分30秒。
   * 經過加熱，紅蘿蔔可以提升營養素吸收率，番茄則容易剝皮。
2. 番茄剝去外皮。
3. 在果汁機中放入番茄、楓糖漿後，攪打均勻並裝入杯中。
4. 在榨汁機中放入紅蘿蔔榨汁後，倒入③的杯中。
   * 也可以加冰塊。

2

4

西瓜奇異果汁
酪梨羽衣甘藍汁

西瓜汁容易產生特殊腥味，或是因為汁液分離而失敗，
使用冷凍西瓜就能同時解決這兩個問題。
酪梨羽衣甘藍汁則是先榨取羽衣甘藍和水果的汁液後，
再與酪梨一起攪打，所以比一般果汁更濃稠。

酪梨羽衣甘藍汁

西瓜奇異果汁

西瓜奇異果汁

1～2杯（470mℓ, 16oz）

・冷凍西瓜400g（純果肉，約2杯）
・奇異果50g
（純果肉，1/2顆，或鳳梨）
・砂糖24～36g（2～3大匙）

1. 奇異果剝皮後切成小塊。
2. 在碗中放入奇異果、糖，用叉子壓碎和攪拌。
3. 在果汁機中放入冷凍西瓜攪打均勻，再裝入杯中。
4. 在③的杯中放入②的奇異果。

2

3

Tip 西瓜去皮、去籽後，把果肉切成一口大小再冷凍使用。

酪梨羽衣甘藍汁

1～2杯（470mℓ, 16oz）

・蘋果200g（含皮，1顆）
・鳳梨100g（1個，或奇異果）
・羽衣甘藍5g（1片，或高麗菜）
・冷凍酪梨100g（約1杯，或香蕉）

1. 將蘋果、鳳梨、羽衣甘藍切成適當大小，放入榨汁機榨汁。
2. 在果汁機中放入①的蔬果汁、冷凍酪梨後攪打均勻，再裝入杯中。
＊也可以加冰塊。

2

蘋果甜菜根汁
蘋果西洋芹汁

健康滿滿的兩種鮮榨蔬果汁。
甜菜根和西洋芹這類有獨特氣味的蔬菜，
很多人會覺得難以下嚥，
為了變得容易入口，可以與蘋果一起攪打。

蘋果西洋芹汁

蘋果甜菜根汁

蘋果甜菜根汁

1～2杯（470㎖, 16oz）

· 蘋果400g
（含皮，1顆，或柳橙、鳳梨）
· 甜菜根50g（含皮，1/8個）
· 紅蘿蔔100g（含皮，1/2根）
· 生薑5g（約1顆蒜頭大小）

1. 將蘋果洗淨，並把甜菜根、紅蘿蔔、生薑去皮。
2. 將蘋果、甜菜根、紅蘿蔔、生薑切成適當的塊狀大小。
   * 若不喜歡甜菜根的特殊氣味，可以稍微汆燙。
3. 把所有食材放入榨汁機榨汁，再裝入杯中。
   * 也可以加冰塊。

2

蘋果西洋芹汁

1～2杯（470㎖, 16oz）

· 蘋果400g
（含皮，1顆，或柳橙、鳳梨）
· 西洋芹60g
（約30公分長，或羽衣甘藍12片）
· 檸檬100g（含皮，1顆）

1. 將蘋果洗淨、檸檬去皮、西洋芹去除表皮的厚纖維。
   * 若含有太多纖維質，有些榨汁機會不易榨取汁液。
2. 將蘋果、西洋芹、檸檬切成適當的塊狀大小。
3. 把所有食材放入榨汁機榨汁，再裝入杯中。
   * 也可以加冰塊。

1

Chapter 5

酒精飲料

製作能夠輕鬆享用的酒精飲料

每年冬天，限定季節菜單經常出現的就是熱葡萄酒（Vin Chaud）。桑格利亞酒（Sangria）、莫希托（Mojito）、威士忌蘇打（High Ball）等能夠輕鬆飲用的酒精飲料，人氣有逐漸上漲的趨勢。本章節除了酒精飲料外，也將介紹以碳酸飲料取代酒的無酒精版本，可以無負擔的嘗試看看！

Alcoholic beverages

白桑格利亞酒 Sangría

這是一款在酒中混合水果、氣泡水的西班牙飲料，
大多是用紅酒製作，
這裡則是使用具有清爽味道的白酒版本。

1瓶（750mℓ）/ 冷藏3～5天
熟成3小時

- 白酒1瓶（750mℓ，或紅酒）
- 柳橙200g（含皮，1顆）
- 蘋果100g（含皮，1/2顆）
- 檸檬50g（含皮，1/2顆）
- 萊姆40g（含皮，1/2顆）
- 香草1～2根
  （蘋果薄荷、迷迭香、百里香擇一）
- 冰塊適量

1. 將柳橙1/2顆、蘋果、檸檬、萊姆洗淨（參閱p.20），連帶外皮切成0.5公分厚的圓片。
2. 剩下的柳橙用削皮刀去掉一層薄皮後，用榨汁器榨汁。
   * 此步驟的柳橙皮不要丟棄。
3. 在容器中放入白酒、①的水果、香草、②的柳橙皮和柳橙汁，再移入冰箱靜置3小時以上，使所有風味融入。
   * 加入柳橙皮會使香味更濃郁。
4. 在杯中放入冰塊，再倒入③的桑格利亞酒和水果。

1

2

3

Tip 桑格利亞酒要使用具甜味的酒才會好喝，若使用無甜味的乾型葡萄酒，可添加5大匙的糖。

無酒精版
五味子桑格利亞酒

利用五味子基底打造出無酒精版的桑格利亞酒，
不論男女老少都能飲用。
很多人會把乾燥的五味子浸泡冷水，
但這會讓香味變淡、顏色變濁，所以不建議這樣處理。

1～2杯（470mℓ, 16oz）

- 五味子基底90mℓ（6大匙，參閱p.103，或市售五味子果露）
- 蘋果口味的碳酸飲料200mℓ（1杯，或汽水）
- 冰塊適量

裝飾
- 葡萄柚切片1片（或柳橙切片）
- 萊姆1小塊（或檸檬）
- 紅醋栗少許（或五味子、紅石榴）

1. 杯中裝入五味子基底。
2. 裝入冰塊。
3. 倒入碳酸飲料。
4. 用葡萄柚、萊姆、紅醋栗裝飾。

1

3

熱葡萄酒 Vin chaud

Vin Chaud在法文是「熱的酒」的意思，
指在葡萄酒中加入水果和肉桂等加以烹煮的飲品。
據說在歐洲會喝熱葡萄酒預防冬季感冒。

1瓶（750㎖）/ 冷藏3～5天

- 紅酒1瓶（750㎖，或白酒）
- 柳橙100g（含皮，1/2顆）
- 蘋果100g（含皮，1/2顆）
- 檸檬30g（含皮，約1/3顆）
- 肉桂棒2根
- 丁香1～2個（可省略）

裝飾
- 水果切片3～4片（蘋果、柳橙）
- 迷迭香少許

1. 將柳橙、蘋果、檸檬洗淨（參閱p.20），連帶外皮切成0.5公分厚的圓片。
2. 在鍋中放入紅酒、柳橙、蘋果、檸檬、肉桂棒、丁香。
3. 蓋上鍋蓋，用中火煮沸後，改小火續煮5分鐘。
4. 把煮好的酒倒入杯中，再用水果切片和迷迭香裝飾。
   * 煮過的水果容易變形，所以建議使用新鮮水果裝飾。

1

2

Tip 熱葡萄酒要使用具甜味的酒才會好喝，若使用無甜味的乾型葡萄酒，可以在烹煮時添加5大匙的糖。

玫瑰色熱葡萄酒

添加木槿花的熱葡萄酒呈現出深粉紅色澤，
不僅顏色美麗，氣味更是芳香迷人，
做成熱飲或冷飲都相當好喝。

1瓶（750mℓ）/ 冷藏3～5天
茶浸泡2小時

- 白酒1瓶（750mℓ）
- 木槿花茶10g（5小匙或茶包5個）
- 柳橙100g（含皮，1/2顆）
- 蘋果100g（含皮，1/2顆）
- 檸檬50g（含皮，1/2顆）
- 肉桂棒2根

裝飾

- 水果切片1～2片（蘋果、柳橙）

1. 將柳橙、蘋果、檸檬洗淨（參閱p.20），連帶外皮切成0.5公分厚的圓片。
2. 在鍋中放入白酒、柳橙、蘋果、檸檬、肉桂棒、木槿花茶。
3. 蓋上鍋蓋，用中火煮沸後，改小火續煮5分鐘。
4. 在蓋鍋蓋的狀態下，浸泡2小時以上，再開蓋撈出木槿花茶。
   * 可以冷藏後飲用，或加熱後飲用。
5. 倒入杯中，再放上裝飾用水果。
   * 煮過的水果容易變形，所以建議使用新鮮水果裝飾。

2

4

Tip 熱葡萄酒要使用具甜味的酒才會好喝，若使用無甜味的乾型葡萄酒，可以在烹煮時添加5大匙的糖。

產品推薦 **「Rishi」木槿花莓果茶**
可於網路購買。「Rishi」產品不含人工香料，而是用各種莓果以增加香氣。在沖泡木槿花瓣時，會呈現漂亮的紅色色澤。

番茄熱葡萄酒

一提到「熱葡萄酒」，大多數人都會想到冬天，
但其實也能做成適合夏天的版本呢！
可口多汁的番茄極具魅力，做成冰涼飲品更好喝。

1瓶（750㎖）/ 冷藏3～5天
熟成2天

· 白酒1瓶（750㎖）
· 小番茄250g（10顆）
· 柳橙100g（含皮，1/2顆）
· 蘋果100g（含皮，1/2顆）
· 檸檬50g（含皮，1/2顆）
· 肉桂棒2根
· 冰塊適量

裝飾
· 迷迭香少許

1. 小番茄以滾水稍微汆燙後，剝去外皮。
2. 將柳橙、蘋果、檸檬洗淨（參閱p.20），連帶外皮切成0.5公分厚的圓片。
3. 在鍋中放入白酒、柳橙、蘋果、檸檬、肉桂棒。
4. 蓋上鍋蓋，用中火煮沸後，改小火續煮5分鐘。
5. 開蓋後，放入已剝皮的小番茄，用小火煮滾後關火。
6. 蓋上鍋蓋，待完全冷卻後，移入冰箱靜置2天，使所有風味融入。
   * 熟成後，番茄的口感會變得有嚼勁，酒香和果香也會滲入。
7. 在杯中裝入冰塊，倒入⑥的番茄葡萄酒，再以迷迭香裝飾。

1, 2

5

Tip 熱葡萄酒要使用具甜味的酒才會好喝，若使用無甜味的乾型葡萄酒，可以在烹煮時添加5大匙的糖。

莫希托 Mojito

以糖蜜或甘蔗糖漿發酵製成的蘭姆酒為基底，
（此處使用威士忌）
再添加檸檬或萊姆的雞尾酒，
因深獲海明威的喜愛而聞名於世。
這裡也會介紹用碳酸飲料製作的無酒精版本。

1～2杯（470mℓ, 16oz）

- 萊姆50g（含皮，1顆，或檸檬）
- 蘋果薄荷50g（1/2杯）
- 威士忌20mℓ（1又1/3大匙）
- 通寧水190mℓ
  （約1杯，英文：Tonic Water）
- 冰塊適量

1. 將萊姆洗淨（參閱p.20），把一半的萊姆連帶外皮切成0.5公分厚的圓片，另一半則切成0.5公分的骰子狀。
2. 把25g蘋果薄荷撕碎或放在缽裡搗碎。
3. 在杯中放入②的碎薄荷和①的萊姆。
4. 放入冰塊後，倒入威士忌、通寧水。
5. 放上剩餘的蘋果薄荷裝飾。

1, 2

3

Tip 製作無酒精版本時，省略威士忌，並把通寧水用等量的蘋果口味碳酸飲料（或汽水）取代。

威士忌蘇打 High Ball

威士忌蘇打是雞尾酒之一，
通常是以威士忌或白蘭地混合氣泡水所製成，
在日本相當受歡迎，尤其會用三得利的威士忌來製作。
若添加伯爵茶糖漿，會提升風味而變得更加高級。

1～2杯（470mℓ, 16oz）

- 檸檬汁10mℓ（2小匙）
- 伯爵茶糖漿10mℓ
（2小匙，可省略，參閱p.18）
- 威士忌20mℓ（1又1/3大匙）
- 通寧水80mℓ（2/5杯）
- 冰塊適量

裝飾
- 檸檬1小塊
- 萊姆1小塊

1. 在杯中裝入冰塊，倒入檸檬汁、伯爵茶糖漿。
2. 倒入威士忌、通寧水。
3. 以檸檬、萊姆裝飾。

1

2

母酒

「母酒」是韓國的傳統酒，
是用馬格利酒（韓國的一種米酒）添加藥材煮製而成。
在烹煮中酒精會幾乎完全揮發，僅剩1%左右，
做成熱飲或冷飲都相當適合。

1瓶（500㎖）/ 冷藏3～4天

- 馬格利酒500㎖（2又1/2杯）
- 紅棗20g（3～4顆）
- 肉桂15g（2～3個）
- 甘草3g（1～2個）
- 黃耆1g（2個）
- 生薑5g（約1顆蒜頭大小）
- 有機蔗糖15g（1大匙，或黑糖）

裝飾

- 紅棗切片少許

1. 在鍋中放入所有材料。
2. 用中火煮沸後，蓋上鍋蓋，改小火續煮40分鐘。
   * 須注意可能會溢出。
3. 用細篩網過濾材料。
4. 倒入杯中，再以紅棗切片裝飾。
   * 也可以冷藏後冷飲。

1

3

Tip 用薑黃和生薑取代傳統藥材放入馬格利酒中，再加入「Rishi」品牌的薑黃生薑茶茶包一起烹煮，就能做出簡易版本的母酒。

Chapter 6

巧克力・兒童飲品

小孩子們會喜歡的香甜飲料

去到飲料店，經常會發現沒有適合小孩喝的飲料，或許是因為這樣，在諮詢中有不少人會請我設計兒童飲料。本章節將以巧克力飲料為主，介紹一些香甜可口的飲品。除了這些飲料之外，Chapter 2 的優格飲品對兒童來說也是個不錯的選擇。

Chocolate & Kids drink

巧克力拿鐵

用黑巧克力和有機蔗糖自製的巧克力糖漿，
讓人能夠品嚐到巧克力的原味，
可以依喜好調整巧克力粉和巧克力糖漿的用量。

hot

1杯（240mℓ, 8oz）

· 無糖豆乳200mℓ（1杯，或牛奶）
· 巧克力粉25g（1又1/2大匙）
· 巧克力糖漿15～20mℓ
（1大匙～1又1/3大匙，參閱p.18）

1. 在豆乳中加入巧克力粉，用手持式攪拌棒或打蛋器拌勻。
2. 用微波爐加熱2分～2分30秒至溫熱狀態。
3. 將巧克力糖漿倒入杯中，把杯子傾斜再倒入②。

3

ice

1杯（470mℓ, 16oz）

· 冰牛奶200mℓ（1杯）
· 巧克力粉25g（1又1/2大匙）
· 巧克力糖漿15～20mℓ
（1大匙～1又1/3大匙，參閱p.18）
· 冰塊適量

1. 在牛奶中加入巧克力粉，用手持式攪拌棒拌勻。
   * 若使用打蛋器，要先稍微加熱牛奶再拌勻。
2. 在杯中裝入冰塊。
3. 沿著杯子邊緣倒入巧克力糖漿後，再倒入①。

1

綠茶巧克力拿鐵

綠茶的微苦風味和巧克力的香甜滋味是絕妙搭配。
如果想要更豐盛的視覺感受，
可以在綠茶冰淇淋旁邊再放上一勺巧克力冰淇淋。

1～2杯（470㎖, 16oz）

· 冰牛奶150㎖（3/4杯）
· 巧克力粉20g（1又1/3大匙）
· 綠茶冰淇淋50g（約1/2勺）
· 冰塊適量

裝飾

· 蘋果薄荷少許
· 巧克力粉少許

1. 在牛奶中加入巧克力粉，用手持式攪拌棒拌匀。
   * 若使用打蛋器，要先稍微加熱牛奶再拌匀。
2. 在杯中裝入冰塊，再放上綠茶冰淇淋。
3. 倒入①的巧克力牛奶，再用蘋果薄荷、巧克力粉裝飾。

1

2

馬卡龍餅乾拿鐵（Coque 拿鐵）

使用蛋白和杏仁粉製成的馬卡龍餅乾稱為「Coque」，
這裡將把它活用在飲料中。
就像把麥片加入牛奶中享用一樣，
這款飲品的靈感便是源自於此。

1杯（370㎖, 13oz）

- 馬卡龍餅乾30～40g
  （約1杯，或餅乾類、奧利奧）
- 牛奶150㎖（3/4杯）
- 香草糖漿10㎖（2小匙，參閱p.17）
- 冰塊適量

1. 將馬卡龍餅乾壓碎成適合入口的大小。
2. 將牛奶和香草糖漿倒入奶泡機攪打。
   * 也可以直接把香草糖漿加入冰牛奶中拌勻。
3. 在杯中先放入一半的餅乾碎片，再裝入冰塊。
4. 倒入牛奶，再放上剩餘的餅乾碎片。

3

4

Tip 馬卡龍餅乾可於網路或馬卡龍專賣店購買。

華夫餅巧克力拿鐵

把華夫餅泡在香甜的巧克力牛奶裡，
是一款相當可愛、童趣的飲品。
除了華夫餅乾之外，還能使用其他餅乾製作。

1杯（370㎖, 13oz）

· 牛奶150㎖（3/4杯）
· 巧克力粉25g（1又1/2大匙）
· 巧克力糖漿10～15㎖
（2/3大匙～1大匙，參閱p.18）
· 冰塊適量

裝飾

· 巧克力華夫餅乾1片（或其他餅乾）
· 迷你棉花糖2個
· 巧克力筆

1. 將巧克力筆泡在溫水中融化。
2. 把棉花糖黏在華夫餅乾上。
   * 可以把巧克力筆當作黏著劑。
3. 用巧克力筆在棉花糖上畫出眼睛。
4. 將牛奶、巧克力粉、巧克力糖漿倒入奶泡機攪打。
   * 也可以使用手持式攪拌棒。若使用打蛋器，要先稍微加熱牛奶再拌勻。
5. 在杯中裝入冰塊，再倒入④。
6. 將③的華夫餅乾放在飲料上。

3

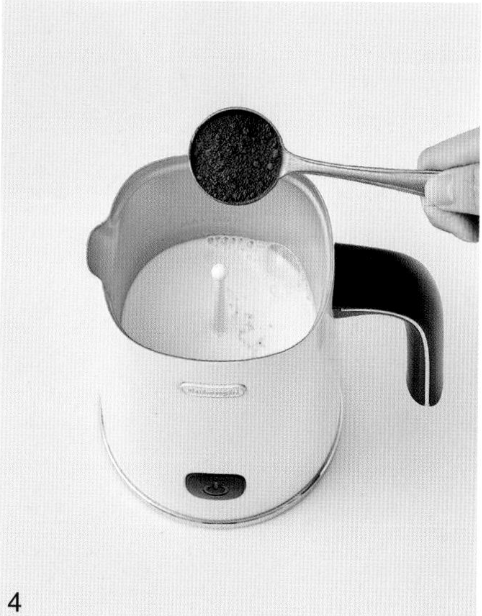

4

奧利奧奶昔

「奶昔（Shake）」是指牛奶、冰淇淋、冰塊等一起打碎的飲料。
這款飲品把奧利奧中間的奶油拿掉，
所以不會太甜膩，味道很清爽。

1杯（370mℓ, 13oz）

- 奧利奧3片
- 牛奶100mℓ（1/2杯）
- 香草糖漿10mℓ
  （2小匙，參閱p.17，或煉乳）
- 香草冰淇淋100g（約1勺）
- 冰塊90g（約2/3杯）

裝飾
- 奧利奧1片
- 蘋果薄荷少許

1. 利用抹刀或叉子把奧利奧的夾餡刮除。
2. 在果汁機中放入牛奶、香草糖漿、香草冰淇淋、冰塊，均勻打碎。
3. 再放入①的奧利奧，稍微打成顆粒狀。
4. 把③倒入杯中，再用奧利奧、蘋果薄荷裝飾。

1

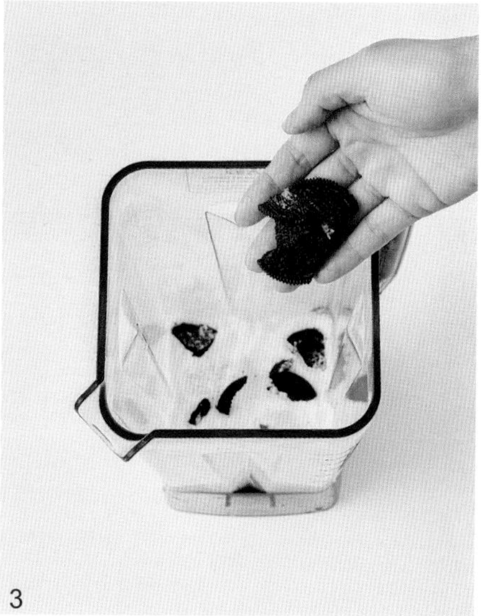
3

Tip 如果覺得市售的奧利奧餅乾太甜，這時可將香草冰淇淋減少10g、冰塊增加10g，以調整整體的甜味。

寶貝奇諾

兒童版的卡布奇諾具有豐富且柔滑的奶泡，
再用巧克力筆在冰淇淋上面寫字，
想必孩子們會非常喜歡！

1～2杯（470㎖, 16oz）

- 牛奶150㎖（3/4杯）
- 香草糖漿15㎖
  （1大匙，參閱p.17，或煉乳）
- 冰塊適量

裝飾

- 香草冰淇淋50g（約1/2勺）
- 蘋果薄荷少許
- 巧克力少許

1. 在奶泡機中倒入牛奶、香草糖漿，做出冰涼的奶泡。
   * 若沒有奶泡機，可以把香草糖漿加入牛奶中拌勻。
2. 在杯中裝入冰塊後，把香草冰淇淋放在冰塊上。
3. 倒入①，再用蘋果薄荷、巧克力裝飾。

1

2

彩虹奇諾

這是一款利用巧克力球來賦予色彩亮點的飲品。
放置一段時間後，巧克力球會融化，視覺效果會更加華麗。

1杯（370mℓ, 13oz）

- M&M's巧克力37g（1包）
- 牛奶120mℓ（3/5杯）
- 香草糖漿15mℓ
（1大匙，參閱p.17，或煉乳）
- 香草冰淇淋100g（約1勺）
- 冰塊80g（約1/2杯）

裝飾

- 香草冰淇淋50g（約1/2勺）

1. 將巧克力放入夾鏈袋，用擀麵棍壓碎。
2. 在果汁機中放入牛奶、香草糖漿、香草冰淇淋、冰塊，均匀打碎。
3. 在杯中倒入②的2/3份量，再把巧克力碎粒的1/3份量撒入杯子周邊。
4. 倒入剩餘飲料的一半，並把剩餘巧克力碎粒的一半撒入杯子周邊。
5. 將剩下的飲料全部倒入，再放上香草冰淇淋50g。
6. 用剩下的巧克力碎粒裝飾。

1

3

巧克力奇諾

這款飲品將所有類型的巧克力通通融合在一起，
使用自製巧克力糖漿，所以不會過於甜膩。
在倍感壓力的日子裡，來一杯濃郁的巧克力奇諾吧！

1杯（370mℓ, 13oz）

- 牛奶120mℓ（3/5杯）
- 巧克力冰淇淋100g（約1勺）
- 巧克力糖漿15mℓ（1大匙，參閱p.18）
- 冰塊80g（約1/2杯）

裝飾

- 巧克力冰淇淋50g（約1/2勺）
- 巧克力糖漿10mℓ（2小匙，參閱p.18）
- 巧克力威化餅1個（或巧克力餅乾）
- 巧克力脆餅少許
（或奧利奧碎粒、巧克力碎粒）

1. 在果汁機中放入牛奶、巧克力冰淇淋、巧克力糖漿、冰塊，均勻打碎。
2. 裝入杯中，再放上巧克力冰淇淋50g。
3. 淋上巧克力糖漿，並用巧克力威化餅、巧克力脆餅裝飾。

1

2

Chapter 7

韓式飲品

從甜米露到十全大補茶，做出健康的韓式飲料

在復古風潮的帶動下，找尋傳統飲品的人和販售店家都與日俱增。韓國代表性飲品，除了「甜米露」和「水正果茶」之外，還有「五味子甜茶」、「韓方茶」等飲料，可以配合季節或心情，享受各色飲品的雅致風韻。

Traditional drink

柿餅水正果茶
番茄水正果茶

「水正果」是一種將生薑和肉桂熬煮成茶湯，
再加入糖或蜂蜜的傳統飲料，
古代王室也會將有甜味的飲料稱為「水正果」。
若是再放入柿餅或小番茄，味道與視覺都會更加分。

1.2公升 / 冷藏5天
熟成1天

· 水6杯（1.2公升）
· 肉桂15g（桂皮約5個）
· 生薑25g（蒜頭大小5～6粒）
· 黑糖130g（約3/4杯）

裝飾
· 棗花1～2個（參閱p.19）
· 香草少許（蘋果薄荷、迷迭香、百里香擇一）

柿餅水正果
· 柿餅120g（3個）
· 松子少許

番茄水正果
· 小番茄200g（10～15顆）

共通作法

1. 肉桂用濕布擦拭，生薑則洗淨後切成薄片，並浸泡冷水1～2小時去除澱粉。
2. 在鍋中放入水、肉桂和生薑，用中火煮沸後蓋上鍋蓋，改小火續煮10分鐘。冷卻後，移入冰箱靜置1天。
3. 舀取②的上層清澈液體，放入鍋中。
   * 當肉桂煮沸又冷卻時，會產生黏稠汁液，分離出來能讓水正果茶更清爽。
4. 在③的鍋中加入黑糖，用中火煮3～5分鐘。待完全冷卻後，移入冰箱存放。
5. 參照下方製作方法，在茶湯中添加柿餅或番茄，再用棗花和香草裝飾。

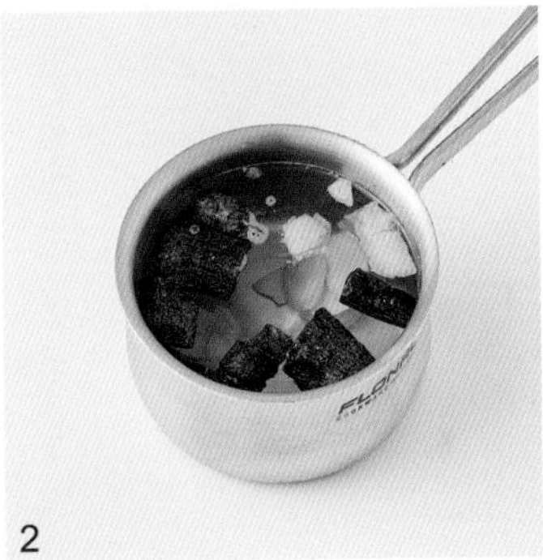

2

3

柿餅水正果

如圖所示，用剪刀把柿餅剪出3～4個刀口並嵌入松子。在飲用前3小時，把柿餅浸泡在茶湯中，讓口感變得柔軟。
* 也可以把柿餅先攤平再捲起來，然後切片。

番茄水正果

小番茄放入滾水稍微汆燙後，移入冷水中冷卻剝皮，再浸泡於茶湯中1天以上再飲用。

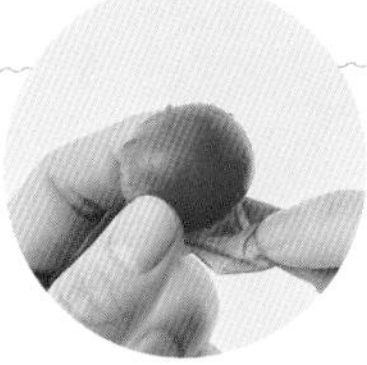

甜米露
南瓜甜米露

這裡介紹的甜米露是採用傳統方式把米蒸製而成，此種作法可以讓料更有嚼勁，湯汁也會更加清爽。這款飲品本身不太甜，可以依個人喜好添加糖。

3公升／冷藏3天
熟成8小時

- 粳米360g（約2杯）
- 麥芽粉2包
- 水3公升（15杯）

裝飾

- 棗花1～2個（參閱p.19）
- 南瓜籽或松子少許

甜米露

- 生薑20g
- 糖270g（約1又1/2杯）

南瓜甜米露

- 南瓜400g（1/2個）
- 生薑20g
- 糖180g（約1杯）

共通作法

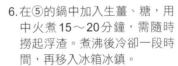

1. 粳米浸泡3小時以上，再用細篩網瀝乾水分。
2. 在碗中加入水、麥芽粉包，稍微搓揉後靜置1小時，直至粉末沉澱。
3. 在蒸籠鋪上濕棉布，倒入浸泡過的粳米後，將蒸籠放進冒熱氣的蒸鍋裡，用大火蒸30分鐘，蒸煮過程中加入1～2大匙的水並攪拌。

   * 也可以將浸泡過的粳米加入等量（2杯）的水做成硬米飯。
4. 將③的米飯移入壓力鍋，倒入②的麥芽水（僅取上層清澈部分），攪拌均勻。
5. 以保溫模式靜置8小時，待米粒發酵浮起後，移入鍋中。

2

3

4

甜米露

6. 在⑤的鍋中加入生薑、糖，用中火煮15～20分鐘，需隨時撈起浮渣。煮沸後冷卻一段時間，再移入冰箱冰鎮。
7. 在杯中倒入甜米露，再用棗花、南瓜籽或松子裝飾。

南瓜甜米露

6. 將1～2大匙的水灑在南瓜上，用微波爐加熱5～7分鐘煮熟，去皮後過篩。
7. 在⑤的鍋中加入南瓜、生薑、糖，用中火煮15～20分鐘，需隨時撈起浮渣。煮沸後冷卻一段時間，再移入冰箱冰鎮。
8. 在杯中倒入南瓜甜米露，再用棗花、南瓜籽或松子裝飾。

Tip 如果想讓甜米露的米粒浮起，可在步驟⑤時撈起米粒並沖洗三次，再浸泡冷開水並移入冰箱冷藏。飲用時，撈起米粒放入甜米露，就會浮在上面了。

五味子甜茶

一款具有五種味道的迷人飲品，
包括甜味、酸味、苦味、鹹味、辣味，
可以試著添加梨子、蘋果、西瓜等喜愛的水果。

13oz（370㎖）

- 五味子基底100㎖（1/2杯，參閱p.103，或市售五味子果露）
- 梨子1/4顆（或蘋果、西瓜）
- 冰開水200㎖（1杯，或氣泡水）

裝飾

- 五味子少許（或松子）

1. 梨子切絲。
   * 也可以用模具壓切形狀。
2. 在杯中倒入五味子基底、冰開水，攪拌均勻。
3. 放入梨子，再放上五味子裝飾。

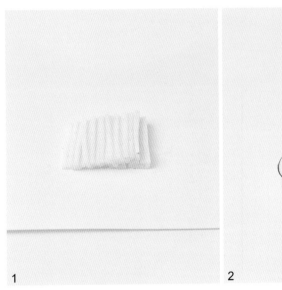

Tip 若用氣泡水代替冰開水，就變成一杯氣泡飲。

生薑茶
檸檬生薑茶

喝一杯熱騰騰的薑茶，
似乎連感冒症狀都消失了。
生薑可以讓身體暖和起來，
非常適合在冬天飲用。

生薑茶

13oz（370㎖）

- 生薑基底80㎖
  （5又1/3大匙，參閱p.104）
- 熱開水250㎖（1又1/4杯）

1. 在杯中加入生薑基底，用微波爐加熱約20秒。
2. 倒入熱開水。

2

檸檬生薑茶

13oz（370㎖）

- 生薑基底60㎖（4大匙，參閱p.104）
- 檸檬基底20㎖
  （1又1/3大匙，參閱p.101）
- 熱開水250㎖（1又1/4杯）

裝飾

- 檸檬切片1片
- 蘋果薄荷少許

1. 在杯中加入生薑基底、檸檬基底，用微波爐加熱約20秒。
2. 倒入熱開水，再以檸檬切片、蘋果薄荷裝飾。

1

Tip 檸檬基底可以用檸檬汁（1顆）和蜂蜜（2大匙）代替。

蘋果紅棗茶

蘋果和紅棗的味道十分搭配。
蘋果具有不同於蜂蜜和砂糖的天然甜味，
相當適合加入一起烹煮。

1公升 / 冷藏5天

- 蘋果100g（含皮，1/2個）
- 紅棗30g（約15個）
- 生薑20g（約蒜頭大小5粒）
- 水1公升（5杯）

裝飾

- 蘋果切片2～3片
- 棗花1～2個（參閱p.19）
- 松子少許

1. 把蘋果去掉果核並切4等分，生薑則去皮後切成薄片。
2. 在鍋中放入水、蘋果、紅棗、生薑，用中火煮沸後，蓋上鍋蓋續煮10分鐘。
3. 倒入杯中，再以蘋果切片、棗花、松子裝飾。

* 若要保存蘋果紅棗茶，需先撈出配料後，再移入冰箱冷藏。

1

2

雙和茶
十全大補茶

雙和茶是用中藥材熬煮而成，是韓國極具代表性的傳統茶飲，
再增添其他材料，就會變成十全大補茶。
當歸、川芎、熟地黃、白芍稱為「四物湯」，具有補血作用。
白朮、甘草、人蔘、白茯苓稱為「四君子湯」，具有補氣作用；
若再加入大量堅果、放上蛋黃，就會非常營養又扎實。

3公升 / 冷藏10天

雙和茶

- 當歸、川芎、熟地黃、白芍、黃耆、乾薑、紅棗各25g
- 甘草、肉桂各40g
- 水3公升（15杯）

十全大補茶

- 當歸、川芎、熟地黃、白芍、黃耆、甘草、肉桂、白朮、人蔘、白茯苓各18g
- 水3公升（15杯）

裝飾

- 蛋黃1個
- 堅果類少許（葵瓜子、松子、花生）

1. 將所有材料用流動的清水沖洗乾淨。
2. 在壓力鍋中加入一半的水量、雙和茶或十全大補茶的材料，蓋上鍋蓋，用中火煮沸後，再燜20分鐘。
3. 不要打開鍋蓋，靜置冷卻後，用篩子過濾出湯汁（A）。
4. 將③的材料（B）加入另一半的水，蓋上鍋蓋，用中火煮沸後，再燜20分鐘。
   * 將材料分兩次煮，可以煮出顏色清澈又味道清爽的茶。
5. 不要打開鍋蓋，靜置冷卻後，用篩子過濾出湯汁（C）。
6. 將湯汁（A）與湯汁（C）混合。
   * 若要保存，等冷卻後再移入冰箱冷藏。
7. 將混合的茶湯倒入杯中，用微波爐加熱至溫熱狀態。
8. 放上蛋黃和堅果類。

3

4

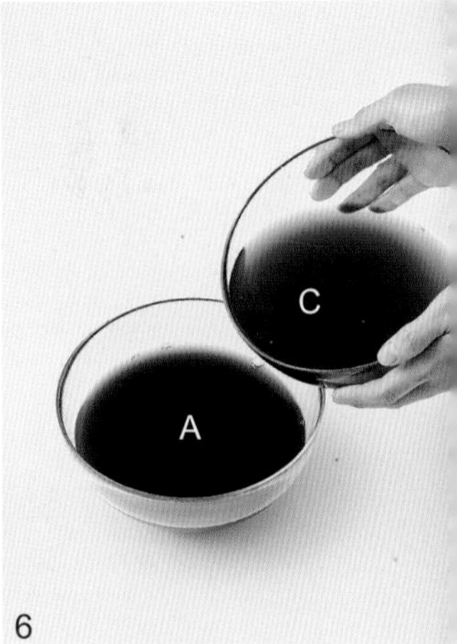

6

Tip 建議使用壓力鍋烹煮，能夠在短時間內充分煮出味道。若要使用普通鍋代替壓力鍋，則需要將水量增加到4公升，並將步驟②和④的烹飪時間延長至1小時。

台灣廣廈 國際出版集團
Taiwan Mansion International Group

國家圖書館出版品預行編目（CIP）資料

職人級飲品設計入門：基底製作X獨創風味X吸睛裝飾X冷熱變化，韓國人氣咖啡廳都在用的手調飲指南 / 金珉廷作. -- 新北市：臺灣廣廈有聲圖書有限公司, 2024.04
208面；17X23公分
ISBN 978-986-130-612-4（平裝）
1.CST: 飲料

427.4　　113001100

台灣廣廈

職人級飲品設計入門

基底製作X獨創風味X吸睛裝飾X冷熱變化，韓國人氣咖啡廳都在用的手調飲指南

作　　者／金珉廷
譯　　者／李潔茹
編輯中心執行副總編／蔡沐晨・本書編輯／陳虹妏
封面設計／陳沛涓・內頁排版／菩薩蠻數位文化有限公司
製版・印刷・裝訂／東豪・弼聖・秉成

行企研發中心總監／陳冠蒨
媒體公關組／陳柔彣
綜合業務組／何欣穎
線上學習中心總監／陳冠蒨
產品企製組／顏佑婷、江季珊、張哲剛

發 行 人／江媛珍
法律顧問／第一國際法律事務所 余淑杏律師・北辰著作權事務所 蕭雄淋律師
出　　版／台灣廣廈
發　　行／台灣廣廈有聲圖書有限公司
地址：新北市235中和區中山路二段359巷7號2樓
電話：（886）2-2225-5777・傳真：（886）2-2225-8052

代理印務・全球總經銷／知遠文化事業有限公司
地址：新北市222深坑區北深路三段155巷25號5樓
電話：（886）2-2664-8800・傳真：（886）2-2664-8801
郵政劃撥／劃撥帳號：18836722
劃撥戶名：知遠文化事業有限公司（※單次購書金額未達1000元，請另付70元郵資。）

■出版日期：2024年04月
ISBN：978-986-130-612-4

Milk
Milk

Milk
Milk
Milk
Milk